極限環境生命
― 生命の起源を考え，その多様性に学ぶ ―

博士(工学) 伊藤　政博
博士(工学) 道久　則之
博士(農学) 鳴海　一成
博士(工学) 東端　啓貴
博士(理学) 為我井秀行　共著
博士(薬学) 國枝　武和
博士(農学) 伊藤　隆
博士(理学) 佐藤　孝子
工学博士　中村　聡

コロナ社

まえがき

「高温・低温，酸性 pH・アルカリ性 pH，高塩濃度など，この地球上には生命にとって過酷な自然環境が存在している。最近の研究により，このような極限環境にも多くの微生物が存在することが明らかになってきた。」

いまから約 30 年前，科学技術振興機構・戦略的創造研究推進事業・ERATO の研究領域として掘越特殊環境微生物プロジェクト［総括責任者：掘越弘毅，東京工業大学教授・理化学研究所主任研究員（当時）］が走り始めた当時の現状を表した文章である。すなわち，1980 年代においては，極限（特殊）環境微生物はまだマイナーな"変わり者"の微生物という位置づけであった。この ERATO プロジェクトにより，多くの極限環境微生物が新たに分離され，これまで断片的に行われてきた極限環境微生物研究が学問として体系化された。また，世界に先駆け，有機溶媒耐性微生物というまったく新しい概念の極限環境微生物を提唱したのも，きわめて大きな成果といえる。

さて，初期の極限環境微生物研究は応用研究が先導し，洗剤添加用アルカリ酵素や PCR 用耐熱性 DNA ポリメラーゼの開発など，輝かしい実績を上げてきた。そして今日においても，極限環境微生物が生産する新しい産業用酵素がつぎつぎと市場に供給されている。一方で，基礎研究の進展にも目を見張るものがある。加圧条件下，なんと 122℃で生育可能な微生物が発見され，これまでの生物の最高生育温度の記録が塗り替えられた。また，150℃近くまで変性しないタンパク質も見出されており，生命存在限界の理解に向け，重要な知見が蓄積されつつある。これらの研究成果はすべてわが国の研究者によるものであることを，ここで強調しておきたい。

現在，極限環境微生物のカテゴリーとして，好熱性微生物，好冷性微生物，好アルカリ性微生物，好酸性微生物，好塩性微生物，好圧性微生物，乾燥耐性

微生物，重金属耐性微生物，放射線耐性微生物，有機溶媒耐性微生物などが提唱されている。また，次世代シーケンサーの普及により環境中の難培養性微生物のゲノム解析も可能となり，今後もさまざまな極限環境から多くの難培養性極限環境微生物が発見されるであろう。いまから約40億年前，この地球上に最初に誕生した生物は好熱性微生物といわれている。その後，生物はさまざまな環境にさらされ，それらに適応するように進化することで，現在の生物多様性が形成された。その意味で，極限環境微生物は決してマイナーな生物群ではなく，地球上の生物多様性を担う一員としてきわめて重要な生物群といえる。

極限環境微生物研究の高まりを受け，1999年に「極限環境微生物学会」が設立され，2010年には「極限環境生物学会」と改名している。極限環境に生育する生物の研究が，微生物だけにとどまらず，動物や植物，さらには地球外生命にまで広がりを見せるようになったことによる。

本書は，極限環境生物学会に所属する気鋭の若手研究者が書き下ろしたものである。現在もなお大きな進展を見せつつある極限環境生物（生命）の基礎と応用について学ばせることで，極限環境における生命現象に関する理解を深め，生命とは何かについて，さらには生命の多様性と起源について考えさせるのが本書の狙いである。学部2～3年次学生を対象とする教科書を想定し，なるべく平易な表現を心がけ，また，本書を読み進める際に必要な最低限の知識を盛り込んだ。極限環境生物の応用をめざす一般研究者にとっても格好の入門書といえる。

本書を学習するにあたって，あらかじめ学習しておくのが望ましい科目は，基礎生物学，基礎生化学，基礎化学，基礎微生物学である。

本書の出版にあたっては，初期の企画段階から編集に至るまで，コロナ社にたいへんお世話になった。担当者の粘り強いサポートがなければ，本書が世に出ることはなかったと思う。ここに記して，感謝の意を表したい。

2014年9月

著者一同

目 次

1. 環境と微生物
― 極限環境微生物とは ―

1.1 地球の環境 ····················· 1
1.2 地球の誕生と環境変化 ············ 2
1.3 生命の誕生と代謝系の進化 ········ 4
1.4 真核生物の誕生 ·················· 5
1.5 リボソーム RNA による生物の
 　　分類 ··························· 6
1.6 極限環境微生物 ·················· 8
 　1.6.1 極限環境微生物とは ········ 8
 　1.6.2 歴史的背景 ················ 9
 　1.6.3 極限環境微生物の生息場所
 　　　　 ···························· 9
 　1.6.4 極限環境動物 ·············· 10
 　1.6.5 好○○性微生物と耐○○性
 　　　　微生物 ··················· 11
 　1.6.6 今後の展開 ················ 12
引用・参考文献 ······················ 12

2. 好熱性微生物

2.1 はじめに ······················· 13
2.2 好熱菌・超好熱菌の分類および
 　　系統的位置づけ ················ 13
2.3 生物の生育上限温度 ············· 15
2.4 DNA の安定化 ·················· 17
2.5 RNA の安定化 ·················· 20
2.6 生体分子を安定化するその他の
 　　化合物 ························ 23
2.7 細胞膜脂質 ····················· 24
2.8 社会に役立つ（超）好熱菌由来
 　　酵素 ― DNA を 100 万倍に増幅
 　　する技術 ― ···················· 27
引用・参考文献 ······················ 28

3. 好冷性微生物

3.1 好冷性微生物とは ··············· 31
3.2 地球上における好冷性微生物の
 　　分布 ·························· 32
3.3 低温が生命に与える影響 ········· 33
3.4 細胞膜と低温適応 ··············· 35
3.5 タンパク質の低温適応 ··········· 39
3.6 低温下での核酸の構造 ··········· 42
3.7 産業への応用 ··················· 43
引用・参考文献 ······················ 45

4. 好アルカリ性微生物

4.1 はじめに ······················· 46
4.2 歴史的背景 ····················· 47
4.3 好アルカリ性微生物とは ········· 48
4.4 生態学と多様性 ················· 49

4.4.1 生態学 ………… 49
4.4.2 自然界のアルカリ性環境
　　　　………………… 49
4.4.3 人工起源のアルカリ性環境
　　　　………………… 52
4.4.4 最も高い pH で生育する
　　　微生物 …………………… 53
4.4.5 多様性 ………… 53
4.5 好アルカリ性 Bacillus 属細菌の
　　　アルカリ適応機能 ………… 54
4.5.1 好アルカリ性細菌のゲノム
　　　から明らかになったタンパ
　　　ク質の等電点の特徴 …… 54
4.5.2 好アルカリ性細菌の細胞内
　　　溶質の緩衝能 …………… 55
4.5.3 細胞表層 ……………… 55
4.5.4 細胞膜 ………………… 57
4.5.5 好アルカリ性細菌の生体
　　　エネルギー論 …………… 58
4.6 好アルカリ性微生物の産業応用
　　　　………………………… 61
4.6.1 アルカリセルラーゼ …… 61
4.6.2 アルカリアミラーゼ …… 62
4.6.3 アルカリキシラナーゼ … 64
4.6.4 その他の産業応用例 …… 64
引用・参考文献 …………………… 65

5. 好酸性微生物

5.1 はじめに ………………… 66
5.2 好酸性微生物の定義 ……… 66
5.3 生態学と多様性 …………… 67
　5.3.1 分布 ………………… 67
　5.3.2 真核生物における多様性
　　　　………………………… 68
　5.3.3 原核生物における多様性
　　　　………………………… 69
　5.3.4 原核生物の中で最も酸性環
　　　　境で生育する生物サーモプ
　　　　ラズマ目 ……………… 70
5.4 好酸性細菌の酸性適応機構 …… 70
　5.4.1 好酸性細菌の生体エネルギ
　　　　ー論 …………………… 70
　5.4.2 好酸性細菌における pH ホ
　　　　メオスタシス ………… 72
　5.4.3 好酸性微生物の細胞膜はプ
　　　　ロトンに対して高い不透過
　　　　性を示す ……………… 73
　5.4.4 膜チャンネル ………… 74
　5.4.5 有機酸による脱共役作用
　　　　………………………… 74
5.5 好酸性微生物の産業応用 …… 74
　5.5.1 バイオリーチング ……… 74
　5.5.2 バイオリーチングの原理
　　　　………………………… 75
　5.5.3 好酸性酵素 …………… 77
引用・参考文献 …………………… 77

6. 好塩性微生物

6.1 微生物と塩 ………………… 78
6.2 好塩性微生物の定義と分類 …… 78
　6.2.1 低度, 中度好塩性微生物 … 79
　6.2.2 高度好塩性微生物 …… 80
6.3 好塩性微生物の浸透圧調節機構
　　　………………………………… 82

6.3.1 低度，中度好塩性細菌における浸透圧調節 ………… 82
6.3.2 高度好塩性古細菌における浸透圧調節 ………… 84
6.4 好塩性微生物の細胞表層構造 ………………………………… 85
6.4.1 低度，中度好塩性細菌の細胞表層 ……………… 85
6.4.2 高度好塩性古細菌の細胞表層 ……………………… 86
6.5 好塩性微生物の膜機能とエネルギー転換系 ………………… 88
6.5.1 非好塩性微生物のエネルギー転換系 …………… 89
6.5.2 低度，中度好塩性細菌のエネルギー転換系 …… 90
6.5.3 高度好塩性古細菌のエネルギー転換系 ………… 91
6.6 高度好塩性古細菌のレチナールタンパク質 ………………… 91
6.7 高度好塩性古細菌のカロテノイド ……………………………… 94
6.8 高度好塩性古細菌タンパク質の高塩濃度環境への適応機構 …… 95
6.9 高度好塩性古細菌の分子生物学 ………………………………… 97
6.9.1 全ゲノム解析 …………… 97
6.9.2 宿主-ベクター系 ………… 98
引用・参考文献 ……………………… 100

7. 好圧性微生物

7.1 研究の歴史 ………………… 101
7.2 好圧性微生物とは ………… 102

7.3 高圧と生命 ………………… 103
7.3.1 高圧がタンパク質に与える影響 ………………… 104
7.3.2 高圧が細胞膜に与える影響 …………………………… 106
7.3.3 ピエゾライト ………… 106
7.4 研究に用いる方法 ………… 107
7.5 モデル生物を用いた研究例 … 109
7.5.1 *Photobacterium profundum* SS9 ……………… 109
7.5.2 *Shewanella violacea* DSS12 ………………………… 111
7.5.3 好圧菌と呼吸鎖電子伝達系 ……………………………… 113
7.6 産業への応用 ……………… 115
引用・参考文献 ……………………… 116

8. メタン生成古細菌

8.1 はじめに …………………… 117
8.2 細胞学的特徴 ……………… 118
8.3 分類と系統 ………………… 122
8.4 生　　　態 ………………… 124
8.5 メタン生成代謝経路 ……… 126
8.6 メタン菌の功罪 ─大気中のメタンとメタン発酵─ …… 129
引用・参考文献 ……………………… 130

9. 有機溶媒耐性微生物

9.1 有機溶媒耐性微生物研究の背景 …………………………… 131
9.2 有機溶媒耐性微生物とは …… 132
9.3 有機溶媒耐性微生物の分離 … 132

9.4 有機溶媒の微生物に対する毒性 ………………………… 133
9.5 大腸菌の有機溶媒耐性 ……… 136
9.6 グラム陰性細菌の疎水性有機溶媒耐性機構 …………… 137
　9.6.1 RND 型薬剤排出ポンプ … 137
　9.6.2 リン脂質 ………… 139
　9.6.3 リポ多糖 ………… 139
　9.6.4 その他の有機溶媒耐性機構 ………………………… 140
9.7 有機溶媒耐性微生物の有機溶媒-培養液の二相反応系への応用 ……………… 140
　9.7.1 有機溶媒-培養液の二相反応系 …………… 141
　9.7.2 有機溶媒-培養液の二相反応系の応用例 …… 142
9.8 バイオ燃料の生産 …………… 144
9.9 有機溶媒耐性酵素 …………… 144
引用・参考文献 …………………… 145

10. 難分解性有機物分解微生物（含む環境浄化）

10.1 環境を汚染する物質 ………… 146
　10.1.1 大気汚染物質 …………… 146
　10.1.2 硫黄酸化物 ……… 147
　10.1.3 窒素酸化物 ……… 147
　10.1.4 重金属 ……… 147
　10.1.5 有機化合物 ……… 148
10.2 微生物による環境浄化 ……… 148
　10.2.1 汚染物質分解微生物の分離 ………………………… 148

10.2.2 土壌汚染の環境修復技術 ………………………… 149
10.2.3 重金属汚染の浄化 …… 150
10.2.4 微生物による有機化合物の分解性 …………… 152
10.2.5 脂肪族炭化水素の分解 … 152
10.2.6 芳香族化合物（ベンゼン）の分解 …………… 152
10.2.7 芳香族化合物（酸性雨の原因物質）の分解 …… 153
引用・参考文献 …………………… 155

11. 放射線耐性微生物

11.1 放射線と放射能 …………… 157
11.2 地球環境と放射線 ………… 158
11.3 放射線の生物作用 ………… 159
11.4 *Deinococcus* の発見 ……… 161
11.5 その他の放射線耐性細菌 …… 163
11.6 放射線耐性をもつ古細菌 …… 164
11.7 放射線耐性をもつ真核生物 … 165
11.8 放射線耐性の分子機構 …… 166
11.9 放射線抵抗性細菌の利用 …… 169
11.10 放射線耐性獲得の進化的起源 ………………………… 170
引用・参考文献 …………………… 172

12. 乾燥耐性生物

12.1 はじめに ……………… 173
12.2 クリプトビオシスによる乾燥耐性 ………………… 173
12.3 乾眠動物 ……………… 175

12.3.1 動物界に散在する乾眠能力 ……………… 175
12.3.2 緩歩動物（クマムシ類） ……………… 177
12.3.3 ネムリユスリカ ……… 177
12.3.4 アルテミア ……… 178
12.3.5 線形動物（線虫）……… 178
12.4 乾眠を支える分子 ………… 179
12.4.1 トレハロース ……… 179
12.4.2 トレハロースの合成と輸送 ……………… 180
12.4.3 トレハロースに依存しない乾眠 ……………… 182
12.4.4 LEAタンパク質 ……… 182
12.4.5 LEAタンパク質の特徴 ‥ 183
12.4.6 その他の熱可溶性タンパク質 ……… 186
12.4.7 ストレス応答タンパク質 ……………… 187
12.5 多様な乾眠のメカニズム — 産業応用に向けて — …… 188
引用・参考文献 ……………… 189

13. 深海生物

13.1 はじめに：「深海」とは …… 190
13.1.1 極限環境としての「深海」 ……………… 190
13.1.2 光合成で支えられている陸上の環境 ……… 190
13.1.3 光が届かない深海 ……… 191
13.1.4 潜水技術開発の歴史でもある深海生物発見の歴史 ……………… 192
13.1.5 空間を埋める媒体の密度の違い ……… 193
13.1.6 深海環境の特徴のまとめ ……………… 193
13.2 「暗黒」が生物にもたらす変化 ……………… 194
13.2.1 発光現象の多様な利用 ‥ 194
13.2.2 感覚器の変化 ……… 196
13.2.3 「光合成」の恵みから遠ざかる深海 ……… 198
13.2.4 「貧栄養」を覆す共生という戦略 ……… 199
13.3 生物のタンパク質の進化を促す「高水圧」……… 200
13.4 終わりに ……… 203
引用・参考文献 ……………… 206

14. 地球外生命

14.1 化学進化 ……… 207
14.2 生命の起源 ……… 207
14.3 生命起源の痕跡 ……… 210
14.4 火星での生命探査 ……… 210
14.5 ハビタブルゾーン以外での生命探査 ……… 213
14.6 微生物の宇宙曝露実験 ……… 214
引用・参考文献 ……………… 216

索引 ……… 217

編 集 注 記

　本書では，微生物を，① 好（耐）〇〇性微生物，② 好（耐）〇〇菌，好（耐）〇〇性菌，③ 好（耐）〇〇性細菌，④ 好（耐）〇〇性古細菌のように，大きく分けて4通りで表記している。

　①，②は，細菌（真正細菌，bacteria）と古細菌（アーキア，archaea）の両方を含む場合，あるいはどちらか一方のみを含む場合がある。③はいうまでもなく細菌，④は古細菌を意味している。①は②とほぼ同じだが，最も大きなくくりとして表記する場合に使用しており，したがって章のタイトルとしてはこれを使用している。

　なお，①，③，④の好（耐）〇〇性を使用する際，〇〇に「アルカリ性」「中性」「酸性」が来た場合は，冗長を避けるために，例えば単に好アルカリ性微生物（好アルカリ性性微生物とはせずに）のように表記している。

　bacteria, archaea という分類名の和名に関しては議論があり，統一されていない（詳細は，1章末のコラムを参照）。本書では，高校生物の教科書に記載がありかつ広く用いられていることから，bacteria の和名を細菌として，そして archaea の和名を古細菌として表記を統一している。ただし，2章のみ著者の要望により，古細菌をアーキアと表記している。

執 筆 分 担

伊藤　政博	1章, 4章, 5章, コラム
道久　則之	1章, 9章, 10章
鳴海　一成	11章, 14章
東端　啓貴	2章
為我井秀行	3章, 7章
國枝　武和	12章
伊藤　隆	8章
佐藤　孝子	13章
中村　聡	6章

1 環境と微生物
― 極限環境微生物とは ―

1.1 地球の環境

　現在の地球の地表の平均気温は14℃程度であり,気圧は1気圧,酸素濃度は20％程度である。河川のpHは,日本ではpH7付近の場合が多く,海のpHはpH8.0〜8.5程度である。また,海水の塩濃度は約3％程度である。しかし,地球上にはこのような平均的環境とは大きく異なる環境がある。例えば,砂漠や熱帯雨林では,気温が60℃近くにもなる。また,海底下約10 000 mの深海では,圧力は約1 000気圧になる。アフリカ タンザニアのナトロン湖はpH9〜10.5のアルカリ性である。一方,群馬県の草津白根山の湯釜(酸性湖)はpH1付近の酸性である。イスラエルとヨルダンに接する死海の塩濃度は約30％である。地球には,このように人間の快適な生活環境を考えると極限的ともいえる環境が多数あるが,そのような環境でも多様な生物が生存している。生物の生育は,栄養源,温度,pH,酸素,圧力,塩濃度などの環境因子に影響されるが,これらの環境因子に対する生物の好みや耐性は,生物種によって異なる。地球が誕生してから現在に至るまでに,地球に誕生した原始的な生物が地球のさまざまな環境変化に適応し,現在の地球の多様なニッチ(生育環境)で生き残ることができたものと考えられる。

1.2 地球の誕生と環境変化

　銀河系を含む宇宙は約138億年前にビッグバンにより誕生したとされる。宇宙進化の過程で，銀河の片隅に位置していた大きな星の**超新星爆発**が起こり，放出された塵が集まった原始星雲から太陽系が形成された。原子星雲の中の塵が固まってできた小さな隕石がつぎつぎと集まって，微惑星をつくり，微惑星はさらに衝突・合体を繰り返し，地球がつくられた。地球化学的な年代測定法によると，地球誕生は約46億年前であると考えられている。微惑星同士の衝突のエネルギーで，誕生したばかりの地球はマグマの熱球であった。地球表面のマグマの海は**マグマオーシャン**（magma ocean）と呼ばれている。

　マグマオーシャンの時代には，地球の表層は部分的に溶け，重い鉄はマグマオーシャンの底に沈み，落下する鉄の解放する落下エネルギーによって，地球内部は急激に高温になるとともに核（コア）が形成された。また，軽い成分のケイ素は地表に浮かび上がった。このためコアの上に，鉄とケイ素とさまざまな酸化鉱物からなるマントル層，さらにその上を酸化鉄とアルミニウムとケイ素の化合物からなる玄武岩の層ができた。これらが**地殻**である。また，マグマオーシャンが形成されるころには，微惑星の衝突による衝撃によって地球内部のガスが放出され，また衝突し，爆発・蒸発した微惑星からも大量の水蒸気と二酸化炭素が脱ガスした。したがって，この時期の大気の組成は主に水蒸気と二酸化炭素であった。

　原始地球の大気の組成については未だわからないことが多いが，地殻が形成され，激しい火山活動が始まると，マグマとともに水蒸気，二酸化炭素，アンモニア，メタン，窒素，一酸化炭素などのガスがさらに放出され，厚い雲が地球を覆うようになったと考えられている。大気には酸素はわずかしか含まれておらず，還元的であったとされる。一方，地球の大気は酸化的であったとする説もある。

地球に衝突する微惑星の数も減り，火山活動も収まると，地表の温度も低下し，冷やされた水蒸気により激しい雨が大地に降り注いだ．この結果，原始の海が形成されたと考えられている．現在の地球に残された最古の岩石である約40億年前の変成岩から，40億年前には海ができていたことが考えられる．後で述べるように，生命の誕生は約40億年前と考えられており，化学進化によって生命が誕生した期間は原始の海ができてから数億年の間であると考えられる．化学進化については14章を参照されたい．32億年前に**シアノバクテリア**（cyanobacteria，**らん藻**）のような光合成細菌が出現し，大気中の酸素濃度が増加していった（図1.1）．この結果，多量の嫌気性細菌が絶滅した．また，これまでの研究から，地球史上少なくとも3回，約6億年前，約7億年前，約22億年前に，全球凍結が起きたと考えられている．これは，**スノーボールアース仮説**（snowball earth hypothesis）と呼ばれている．全球凍結した地球でも，凍結した氷は地球内部からの熱で溶かされるため，1 000 m程度の氷の下には，液体の水が残り，そこで生物が生き延びたと考えられる．全球凍結後，生物進化のカンブリア大爆発が起きており，全球凍結が多細胞生物の

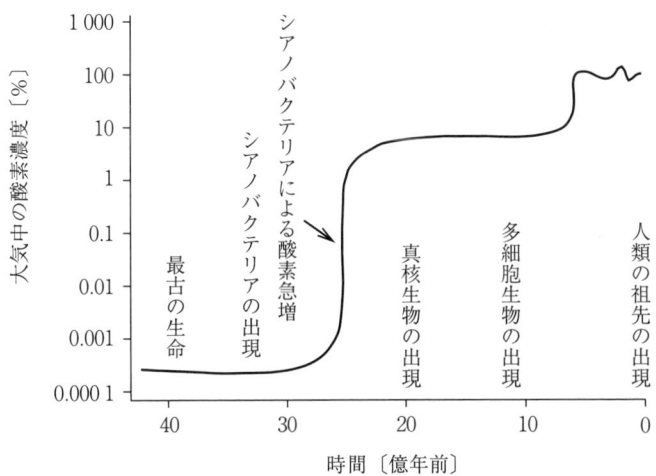

酸素濃度は，現在の大気の濃度を100%とした

図1.1 大気中の酸素濃度の変化（Kump 2008）

進化の引き金になった可能性がある．また，いまから6500万年前には，巨大な隕石が地球に衝突し，その当時存在していた恐竜が絶滅したと考えられている．隕石の衝突により巨大な津波が発生し，巻き上げられた粉塵によって，太陽光が数ヶ月間遮られた．この結果，気温の低下や光合成の停止などにより，大型の生物が絶滅してしまった．このように，現在までに，さまざまな地球環境の大きな変化があった．

1.3　生命の誕生と代謝系の進化

　原始地球では，化学進化によって生成した有機化合物が原始海洋に高濃度に蓄積し，**原始スープ**（primordial soup）ができた．生命の起源については14章を参照されたい．最初の生命は，原始スープ中の有機物を利用し，増殖したと考えられる．シアノバクテリアが現れるまでは，酸素分子を利用することは困難であり，無酸素条件下で可能なエネルギー生産の機構が利用された．有機物がなくなると，無機化合物の化学反応のエネルギーを利用して，二酸化炭素から有機物を合成できる生物が現れた．また，光エネルギーを利用して，二酸化炭素から有機物を合成できる生物も誕生した．シアノバクテリアは植物と同様に光を吸収して，水を分解して酸素を発生し，二酸化炭素を固定できる（光合成）．シアノバクテリアのような酸素発生型光合成生物の出現により，地球の大気中に酸素が蓄積していった．多量に発生する酸素分子は強い毒性を示すことから，それまでの低酸素濃度で繁栄していた嫌気性細菌類は大量に絶滅したと考えられる．一部の嫌気性細菌は地中などの酸素濃度が低い場所で生き延びた．

　生物は，生育に必要なエネルギー源およびおもな炭素源によって分類することができる．エネルギー源では，光エネルギーを利用する**光合成生物**と化学エネルギーを利用する**化学合成生物**に分けられる．また，炭素源では二酸化炭素で生育できる独立栄養生物と有機炭素源を必要とする従属栄養生物に分けることができる．この結果，**光合成独立栄養**（photoautotrophic，光をエネルギー

源とし，二酸化炭素をおもな炭素源とする），**光合成従属栄養**（photoheterotrophic，光をエネルギー源とし，有機化合物をおもな炭素源とする），**化学合成独立栄養**（chemoautotrophic，化学エネルギーを用い，二酸化炭素をおもな炭素源とする），**化学合成従属栄養**（chemoheterotrophic，化学エネルギーを用い，有機化合物をおもな炭素源とする）の四つのタイプに分類することができる。大気中の酸素濃度が急速に増大したと考えられる約20億年前までに，上記の四つのタイプの原核生物が出そろった。

1.4 真核生物の誕生

　大気中に酸素が出現してから，真核生物が現れた。真核細胞は，2種類の微生物の共生から始まったとされている。ある微生物に別の微生物が侵入し，共存できるようになった。侵入された大きいほうの細胞を**ホスト**（宿主），小さいほうの細胞を**シンビオント**（共生者）と呼ぶ。このような共生は**細胞内共生**（endosymbiosis）と呼ばれており，マーグリス（L. Margulis）によって提案された（**図1.2**）。細胞内共生関係になったあと，シンビオントは多くの遺伝子を捨て，一部は侵入した細胞の染色体に移した。この結果，シンビオントは，真核生物の細胞内でエネルギーの生産を担う細胞小器官であるミトコンドリアになった。ミトコンドリアの内部には，退化し縮小した小さなDNAが残っている。また，同様なシナリオで宿主にシアノバクテリアに近い細菌が侵入して，共生関係となり光合成を担うクロロプラストになったとされる。クロロプラストの細胞内にもDNAが残っている。真核細胞の基になったホストは高度好熱性，嫌気性の硫黄代謝性古細菌であったと考えられている。また，シンビオントとなったのは，ミトコンドリアについては寄生性細菌のリケッチア，クロロプラストについては酸素発生型光合成細菌（シアノバクテリアに近い細菌）であると考えられている。核や小胞体などについては，ロバートソン（J. D. Robertson）が唱えた，細胞膜が細胞内部にくびれこんで細胞小器官ができたとする**単位膜**（unit membrane）**説**が支持されている。

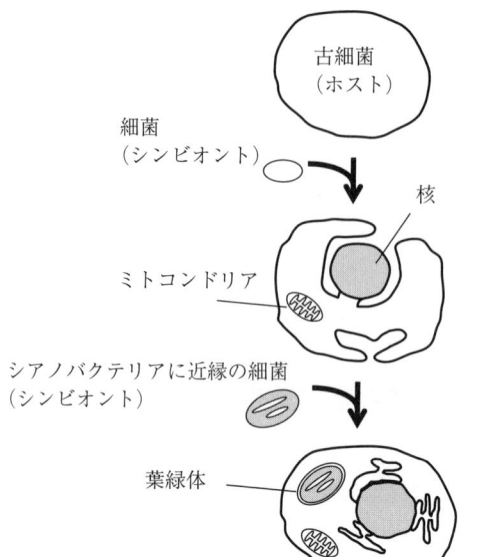

図 1.2 真核生物の形成過程

1.5 リボソーム RNA による生物の分類

　19 世紀後半のダーウィンの進化論を背景に，生物の類似性から系統分類学が成立し，1969 年にホイタッカー（R.H. Whittaker）によって古典的分類法である **5 界分類法**が提唱された。5 界分類法では，生物を動物，植物，菌類，原生生物，モネラ（バクテリア）の五つの界に分ける分類法である。また，細胞構造に基づく分類もなされるようになり，細胞内に核をもつ**真核生物**（eukaryotes）と核をもたない**原核生物**（prokaryotes）とに分けられた。

　これに対して，アメリカ　イリノイ大学のウーズ博士（C.R. Woese）は，リボソーム RNA の配列に基づく分類を試みた。リボソームは大小二つのサブユニットからなり，どちらのサブユニットも RNA と多数のタンパク質からできている。小さいほうのサブユニットにはどんな生物でも RNA が 1 種類しか存在せず，全生物を比較するのに都合がよい。ウーズは，小サブユニットのリボソーム RNA を調べることにより，生物は三つの大きな群に分かれることを発

1.5 リボソーム RNA による生物の分類

見した。それまで,生化学や分子生物学を研究していた研究者たちは,生命の世界は,真核生物と原核生物の二群に分かれると考えていた。ところが,ウーズは,メタン生成古細菌(8.1節 参照)など変わった環境に生きている細菌の一部は,従来の真核生物と原核生物とは独立した生物群(**古細菌**(archaea,**アーキア**))であることを明らかにした。いまでは,ウーズの提案は広く認められており,生物群は真核生物,**細菌**[†](bacteria),古細菌の三群に分けられる。全生物をリボソーム RNA の塩基配列を基に分類して,系統的な近縁性を示す分子系統樹を作成することができる(図1.3)。この近縁性をたどっていくと,現存する最も古い共通祖先が細菌と古細菌の間にあると推定される。

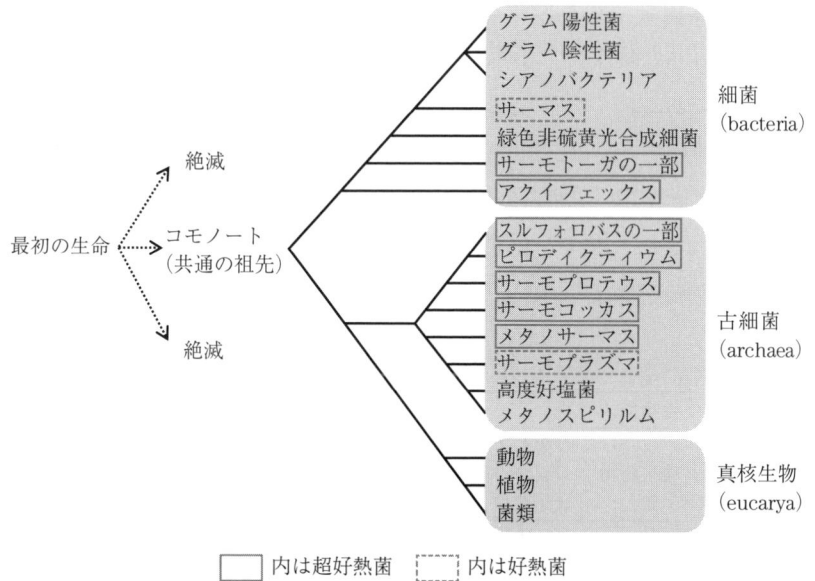

図1.3 rRNA の塩基配列を用いた生物の進化系統樹

---

† 本書では bacteria の表記を細菌で統一しているが,archaea を古細菌と表記した場合,その対として bacteria を**真正細菌**と表記することがある。

1.6 極限環境微生物

1.6.1 極限環境微生物とは

極限環境微生物（extremophiles）は，これまでわれわれヒトが生育不可能と考えていた過酷な環境を好んで生育する生物群である。極限環境生物が生息する環境とは，例えば，高温，極低温，強酸性pH，強アルカリ性pH，高塩濃度，高圧力などである。また，極限環境微生物には，高い放射線，乾燥環境，あるいは毒性の高い化合物存在下といった"好む"というよりも"耐える"といった環境で耐性を示すものも含まれる。最近では，特に複数の極限環境に適応する極限環境微生物（poly-extremophiles）の研究報告例が増えている。例えば好熱好酸性微生物や好冷好圧性微生物，あるいは好塩好アルカリ性微生物などである。

極限環境生物の多くは，細菌や古細菌といった微生物であるので極限環境微生物ということが多い。生命の生育上限温度で古細菌，細菌，真核微生物を見てみるとそれぞれ，122℃，95℃，62℃である（**表 1.1**）。一方，動物や植物などの多細胞真核生物は，50℃より高い温度で生息することは難しい。原核生物

表 1.1 各種生物の生存可能な温度上限[5]

生物群		上限温度℃
後生動物	魚および水棲脊椎動物	38
	昆虫	45〜50
	甲殻類	49〜50
植物	維管束植物	45
	コケ類	50
真核微生物	原生動物	56
	藻類	55〜60
	カビ	60〜62
原核生物	シアノバクテリア	70〜73
	光合成微生物	70〜73
	バクテリア	95
	古細菌	122

では120℃を超える温度でも増殖可能な古細菌が知られているが,生物個体が複雑な種になるほど,増殖可能な温度は下がる傾向にある。光合成能をもった原核生物では73℃,真核微生物では62℃が上限である。多細胞動物では50℃,多細胞植物では45℃が上限である[4]。

1.6.2 歴史的背景

最初に大きなくくりとしての極限環境微生物に言及した論文は,1974年にMacElroyによって発表された"Some Comments on the Evolution of Extremophiles"(極限環境微生物における進化上のいくつかのコメント)であった[5]。その後,1990年代に入り,さまざまな極限環境微生物に関する研究が盛上りと発展を遂げて,その気運によって1996年6月に第1回国際極限環境微生物会議(First International Congress on Extremophiles)がポルトガルで開催された。この国際会議は,現在も2年に1度の割合で世界各地を巡りながら開催され,毎回,最新の極限環境微生物に関する発表がなされている。

極限環境微生物の研究は,世界に先駆け日本で学問的に体系化されてきた。その結果,基礎的な科学研究から産業的な応用まで多大な貢献をなしてきている。こうした流れの中,1997年2月には極限環境微生物に関する国際的な学術専門誌として"Extremophiles"誌がSpringer-Verlag Tokyoからが出版され,1999年10月には,日本における極限環境微生物学会(Japanese Society for Extremophiles,2010年に「極限環境生物学会」に改名)が発足した。そして,現在は,ゲノム情報科学,地殻内生命体,地球外生命探査といった,新しい科学技術の進展により極限環境生物学も新たな段階に入りつつある。

1.6.3 極限環境微生物の生息場所

極限環境微生物は,自然界のいろいろな場所(温泉,アルカリ湖,塩湖,原油層,深海熱水鉱床,深海底泥,地殻内など)に生育していることがわかっており,自然界の多様な微生物集団の一員となっている(図1.4)。主な極限環境微生物の生息場所について以下にまとめた。さらなる詳細については,そ

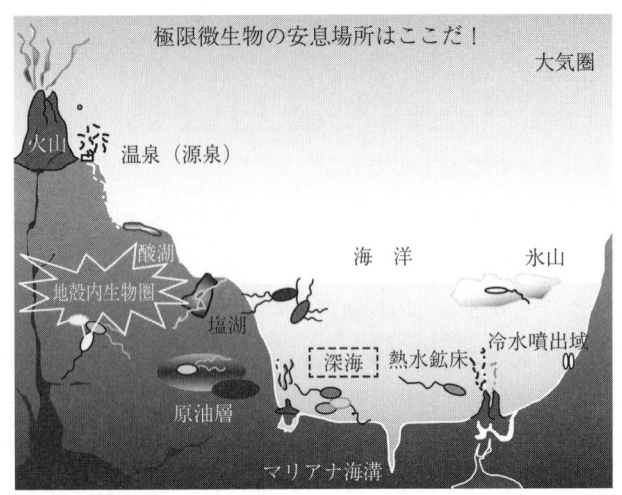

図1.4 地球上における極限環境生物の生息場所

れぞれの極限環境微生物についてまとめた章を参照されたい。

好熱性微生物：火山，温泉，熱水鉱床 など

好冷性微生物：深海底泥，氷山帯 など

好アルカリ性微生物：ソーダ湖，アルカリ土壌，シロアリの腸内，
　　　　　　　　　　一般土壌 など

好酸性微生物：硫黄温泉，火山周辺，鉱山 など

好塩性微生物：塩湖，塩田，岩塩中 など

好圧性微生物：深海底泥，深部地殻内岩石 など

有機溶媒耐性微生物：原油層，深海底泥，一般土壌 など

1.6.4 極限環境動物

クマムシやユスリカなどは，乾燥状態になると，温度にも放射線にも，その他の条件にも信じられないほどの耐性を示す。種にもよるが，クマムシは，乾燥状態にさらされると体を樽状の構造に変化させる。この状態は**クリプトビオシス**（活動を停止する無代謝状態）と呼ばれ，$-273 \sim 150℃$の温度範囲，高放射線下，高圧下，あるいはアルコールなどの有機溶媒中でも耐えるといわれて

いる。同様にエビの一種，アルテミアは，小型の甲殻類(こうかく)で世界各地の塩水湖に生息し，高度好塩性を示す。このアルテミアのメスが乾期に生む耐久卵（シスト）は乾燥耐性があり保存が利き，塩水に戻すと1日程度で孵化(ふか)するため，ブラインシュリンプの名で養殖場の稚魚(ちぎょ)やエビの飼料として大規模に利用されている。乾燥耐性生物に関する詳細は，12章の乾燥耐性生物を参照されたい。

1.6.5 好○○性微生物と耐○○性微生物

極限環境微生物は，極端な環境を好むということで英語では，Extremophileと表す。ある極限環境下で良好に生育する微生物は「好○○性微生物」(-phile) という表現を用いる。例えば，好アルカリ性微生物 (alkaliphile) は，pH9以上に生育至適pHをもつ微生物と定義されている。しかし，微生物

コラム

生物界の分類名の経緯

1977年，イリノイ大学のウーズ博士（C.R. Woese）が，原核生物に分類される微生物の中に，従来の細菌とは異なった系統の微生物が存在することを発見し，「archaebacteria（古細菌）」と名付け，その他の系統を，「eubacteria（真正細菌）」，「eukaryotes（真核生物）」として区別した。その後，archaebacteriaに関する研究が進むにつれて，archaebacteria（古細菌）はeubacteria（真正細菌）とは明らかに異なることがわかったため，ウーズ博士は，生物界を三つのドメインに分類することを提唱した（1990年）。すなわち，archaebacteriaからbacteriaの文字をとり「archaea」とし，それまでの分類名であるeubacteriaとeukaryotesをそれぞれ「bacteria（細菌）」，「eucarya（真核生物）」と呼ぶというものである。この考え方は生命科学者の間に広く受け入れられることとなったが，ドメインの和名については必ずしも統一されておらず，いくつかの和名が混在して使用されているのが現状である。例えば，新しい分類名であるarchaeaの和名に関して，以前の和名を引き継ぎ古細菌と表記する研究者がいる一方で，始原菌またはアーキアと呼ぶ研究者がいる。また，archaeaを古細菌と表記した場合，bacteriaに細菌という和名を用いず，古細菌という表記の対として，従来の和名を踏襲して真正細菌と呼ぶ研究者がいる。

の中には，pH9よりも低い生育至適pHだが，pH9以上でも生育するものもいる。このような微生物は，pH9以上の環境を好んでいるというよりは，その環境に耐えているということで耐アルカリ性微生物（alkaline tolerant bacteria）とし，好アルカリ性微生物とは明確に区分している。

1.6.6 今後の展開

極限環境微生物学は，今日の地球環境問題，生命の起源研究，医薬品や有用物質の生産，およびバイオテクノロジーの発展にとってなくてはならない存在であり，21世紀の新たな研究の展開において重要な役割を果たすことが期待されている。2章以降では，ここで取り上げた極限環境生命について，個別の解説がなされている。詳細については，それらを参考にされたい。

引用・参考文献

1) L.R. Kump：The rise of atmospheric oxygen, Nature, **451**, 227-228（2008）
2) 石川　統，河野重行，渡辺雄一郎，大島泰郎，山岸明彦：化学進化・細胞進化，岩波書店（2004）
3) 大谷栄治，掛川　武：地球・生命 その起源と進化，共立出版（2005）
4) S.L. Salyards, K.E. Sieh and J.L. Kirschvink：Paleomagnetic measurement of nonbrittle coseismic deformation across the San Andreas Fault at Pallett Creek, J. Geophys. Res., **97**(B9), pp.12457-12470（1992）
5) T.D. Brock：Thermophilic Microorganisms and Life at High Temperatures, Springer Verlag（1978）

2 好熱性微生物

2.1 はじめに

好熱性微生物は,光の届かない高い水圧のかかる海底の熱水鉱床,油田鉱床,世界各地の温泉,鹿児島県小宝島,群馬県万座,別府温泉,箱根温泉,大涌谷など日本の各地の温泉や,ボイラーなどの高温環境からも単離されている。好熱性微生物は,身近に存在する微生物なのである。この微生物はどのようにして高温に耐えているのだろうか。「耐えている」というよりもこの微生物は高温環境でないと増殖することができない「熱を好む」微生物である。好熱性微生物由来のタンパク質は耐熱性,高い安定性を示すため,特にアミラーゼやプロテアーゼなどは産業用酵素として利用されており,また,生命の起源・生物進化を理解するよい材料として,生命科学者の興味をひいている。

2.2 好熱菌・超好熱菌の分類および系統的位置づけ

微生物は,その生育温度により好冷菌,低温菌,中温菌,好熱菌,超好熱菌に分類することができる。好冷菌に関しては3章で詳説する。至適生育温度が,45~80℃の微生物を**好熱菌**(thermophiles),80℃以上のものを**超好熱菌**(hyperthermophiles)と呼ぶ[1]。また,生育上限温度が55℃以上のものを好熱菌,90℃以上のものを超好熱菌と呼ぶ場合もある。好熱菌はさらに**中等度好熱菌**(moderate thermophiles,65℃以上の生育上限温度),**高度好熱菌**(extreme thermophiles，75℃以上の生育上限温度）に細分することができる（図2.1)[2]。しかし，文献によりその定義はまちまちである。5.3節では至適生育温度を指標に，中等度好熱菌，高度好熱菌を分類している。リバースジャイレース（後述）の有無が，好熱菌，超好熱菌を分類する一つの指標となりそうである。至適生育温度80℃以上の超好熱菌には必ずリバースジャイレース遺伝子が存在する[3]。本書では，超好熱菌を至適生育温度80℃以上の微生物とする。

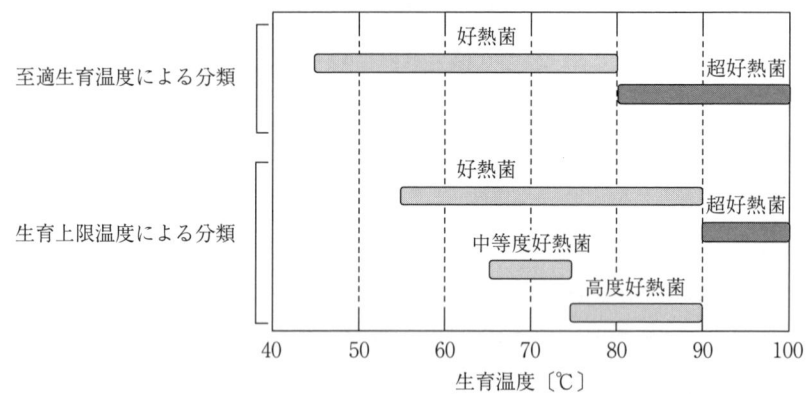

図2.1 生育温度による微生物の分類[1),2)]

すべての生物がもつ16S/18SリボソームRNA遺伝子の情報を基に系統樹を作成すると，生物界は三つの群に分類できることはすでに1章で述べている。真核生物と原核生物である細菌・アーキア†である。その簡略図を図2.2に示す。細胞の構造が複雑化するに従って，その生物の生育上限温度は低くなる[1]。乾眠と呼ばれる特殊な状態にあるクマムシやネムリユスリカなどは耐熱性を示すが，真核生物の生育上限温度は高くても60℃程度である。好熱菌および超好熱菌は，細菌およびアーキアの二つの群にまたがって存在する。図2.2に示した系統樹上の超好熱性細菌と超好熱性アーキアの枝の間に共通の祖先が存在したと考えられ，われわれの共通の祖先は超好熱菌であったとする説

---

† 本書では，archaeaを古細菌で統一して表記しているが，著者の要望により，本章のみアーキアと表記している。詳細は，目次裏の編集注記を参照。

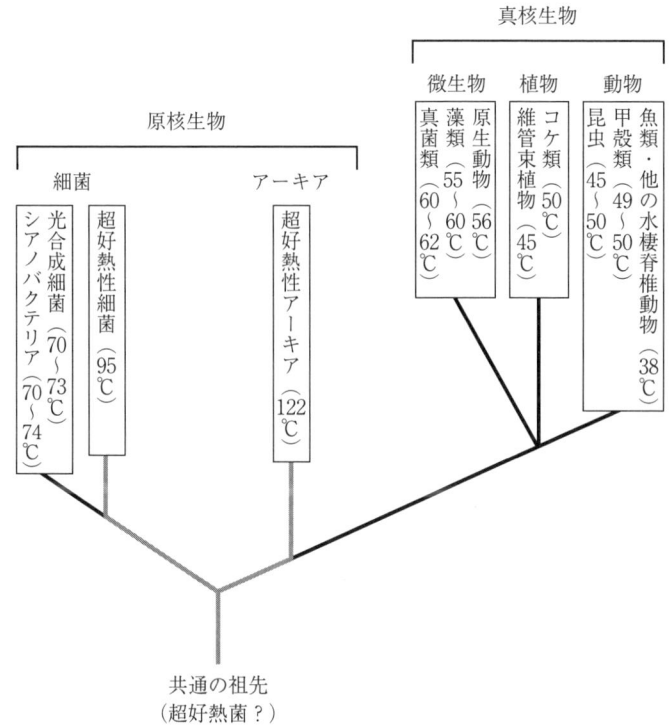

図2.2 生物界の三つの群（細菌，アーキア，真核生物）と生育上限温度[1), 9)]

が唱えられている。また，共通の祖先は75℃以上の高温環境に生息していたとする説が，「共通の祖先型」のタンパク質を復元する研究から提唱されている[4), 5)]。

2.3 生物の生育上限温度

好熱菌および超好熱菌は，好気性・嫌気性，硫黄依存性，好酸性，独立栄養・従属栄養など多種多様な生理的特性を示す微生物で構成されている。超好熱性細菌の分離例は少なく *Aquifex* 属，*Thermotoga* 属，*Thermodesulfobacterium* 属，*Geothermobacterium* 属に分類される細菌が報告されてい

る[6),7)]。一方で,超好熱性アーキアは多数報告されており,さまざまな超好熱菌が単離されるにつれて,生育上限温度は更新されている。

1969年に70℃の至適生育温度を示す好熱性細菌 *Thermus aquaticus* が,イエローストーン国立公園から単離された。この菌の生育上限温度は79℃である。1972年には,80℃の生育上限温度を示す好熱好酸性アーキア *Sulfolobus acidocaldarius* が同国立公園から単離された。その後も生育上限温度は更新され続けた。1997年から2003年まで,*Pyrolobus fumarii* のもつ113℃が,最も高い生育上限温度であった。この菌は,水深3650 mにある大西洋中央海嶺の熱水噴出孔から単離され,その至適生育温度は106℃である。この菌は121℃,1時間の滅菌処理に耐えることが報告された。2003年には,Strain 121が記録を121℃に更新した[8)]。121℃は胞子を完全に死滅させるために用いる温度であり,オートクレーブ(高圧蒸気滅菌器)と呼ばれる圧力釜を使用し121℃,20分処理することで微生物(胞子)を死滅させる。遺伝子組換え微生物などを不活性化するために,この条件(オートクレーブで121℃,20分間)が用いられる。2008年には,*Methanopyrus kandleri* strain 116が,さらに生育上限温度を1℃更新した。この菌は中央インド洋海嶺の熱水フィールドから単離され,常圧下では116℃まで増殖するが(密閉系で培養するので116℃まで昇温できる),さらに40 MPa(約400気圧)の高圧下では122℃まで増殖できることが確認された[9)]。この菌は,2014年5月現在,最も高温で増殖が可能な生物である。

細胞が増殖するためにはさまざまな代謝が正常に行われることが必要である。異化代謝により,細胞の構成成分を合成するために必要な**ATP(アデノシン三リン酸)**が生成される。しかし,細胞のエネルギー通貨であるATPの熱安定性は高くはない。95℃で1時間加熱した後の残存率は40%である。105℃,3時間の加熱では完全に分解してしまう。また,細胞内の酸化還元反応を触媒する酵素の補酵素として用いられているニコチンアミドアデニンジヌクレオチド(NAD^+)においては,95℃で1時間加熱した後の残存率が5%未満ときわめて低い熱安定性を示す(**表2.1**)。しかし,上述の超好熱性アーキア *P.*

表 2.1 生体材料の熱安定性（残存率%）

ATP	40
ADP	50
AMP	95
NAD$^+$	<5
ピリドキサールリン酸（ビタミン B6）	40

〔注〕 95℃で1時間, 加熱した後の残存率[10]

fumarii, Strain 121, *M. kandleri* strain 116 は，105℃で増殖することができるのである。細胞内でこのような生体分子を安定に保つ機構が存在するのか，壊れるよりも多くの生体分子を生合成しているのか，興味がもたれる。超好熱菌は，ATPだけでなく，より安定な **ADP（アデノシンニリン酸）** をエネルギー源やリン酸供与体として利用しているが[11]，これも熱に対する適応戦略といえるかもしれない。

2.4 DNAの安定化

　生命の設計図である遺伝子は，DNA（デオキシリボ核酸）を構成している4種類の物質，**アデニン（A），チミン（T），グアニン（G），シトシン（C）** の配列からなる情報である。AとTは二つの水素結合によって，GとCは三つの水素結合によってペアを成している。遺伝子が正常に機能するためには，細胞内のDNAは二本鎖を維持する必要がある。温度が上昇すると二本鎖DNAは一本鎖へと解離してしまう（DNAの融解）。GとCは三つの水素結合でペアをつくっているのでDNA中のGC含量が高いほど高温環境下では一本鎖になりにくい。至適生育温度が高い微生物ほど染色体DNAのGC含量が高いと予想するかもしれないが，実際には至適生育温度と染色体DNAのGC含量の関係に顕著な相関はない（図2.3）。

　では，高温環境に生育する微生物は，どのように染色体DNAの一本鎖への解離を防いでいるのだろうか。真核細胞の場合，染色体DNAは**ヒストン**とい

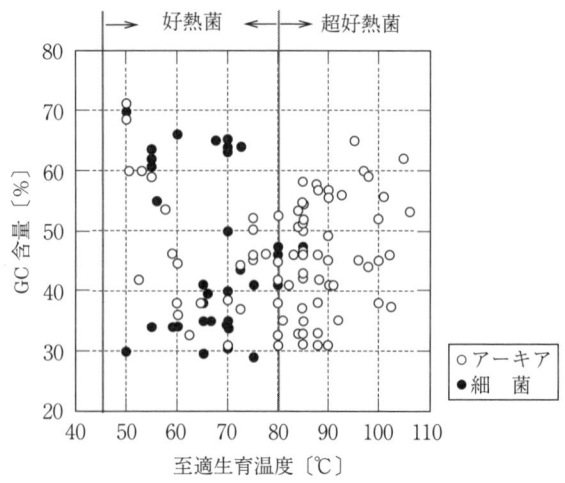

図 2.3 好熱菌・超好熱菌の至適生育温度と染色体 DNA の GC 含量[12]

う DNA 結合タンパク質に巻き付いている。原核生物である好熱菌・超好熱菌にも，**ヒストン様タンパク質**と呼ばれる DNA 結合タンパク質が存在し，染色体 DNA の安定化に関与していると考えられている[13]。その他にも，染色体 DNA の安定化因子として**リバースジャイレース**が挙げられる。リバースジャイレースは，主に超好熱菌に見出される特別な酵素であり，ATP 依存的に正の超らせんを導入することができる（**図 2.4**）。

二本鎖 DNA は，約 10.5 塩基ごとに二つの鎖が 1 回ずつ絡まり合ったらせ

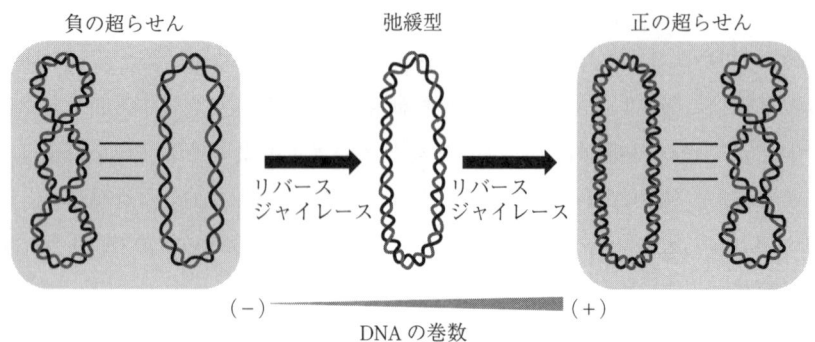

図 2.4 DNA の超らせんとリバースジャイレースの機能

ん構造をしている。余分にらせんが導入されたものを**正の超らせん**，らせんを巻き戻してその数を減らしたものを**負の超らせん**と呼び，超らせんがまったく導入されていないDNAを**弛緩型**(しかん)という。正の超らせんが導入された環状DNAは導入されていないものに比べて安定であり，より高いDNA融解温度を示す。超好熱菌の培養温度を上昇させると，細胞内のプラスミド（細胞内で自律的に複製され，娘細胞に分配される遺伝因子（染色体を除く）の総称）へ正の超らせんが導入されることが報告されている[14]。超好熱性アーキア *Thermococcus kodakarensis* において，リバースジャイレース遺伝子の破壊株が取得された。この遺伝子破壊株の至適生育温度（85℃）での増殖速度は，野生株に比べると低下しており，さらにこの破壊株は93℃の培養温度では増殖できないことが報告された[15]。

高温環境下においてDNAは解離するだけでなく，化学的分解（脱プリン化[†1]などに起因するホスホジエステル結合[†2]の切断）が促進されることが報告されている（**図2.5**）。常温環境下でもDNA鎖は分解され断片化するが，分解速度が非常に遅いため，中温菌細胞内では分解の初期段階で修復される。一方，高温環境下では分解速度が非常に速く，DNA鎖は速やかに断片化する。そのため，細胞内では熱により導入された脱プリン化部位およびホスホジエステル結合の切断部位の速やかな修復が必要となる。リバースジャイレースが脱プリン化部位を認識して結合し，熱による化学的分解を防いでいることが報告された（*in vitro* 実験[†3]）[16]。報告された現象が線状DNAにおいても確認されているため（超らせんは導入されない），リバースジャイレース遺伝子破壊株の示す表現型（増殖速度が低下する。93℃の培養温度では増殖できない）は，DNAへ超らせんを導入できなかったからではなく，DNAの化学的分解を防ぐ

[†1] 塩基と糖の間のN-グリコシド結合が切断され，プリン塩基（アデニン，グアニン）が脱離すること。

[†2] リン酸の二つのヒドロキシ（ル）基を介したエステル結合のこと。

[†3] *in vitro* は「試験管内で」という意味であり，温度，反応液量，濃度などの実験条件がすべてコントロールされていることを意味しており，一方 *in vivo* は「生体内で」という意味であり，*in vitro* の対義語として用いられる。

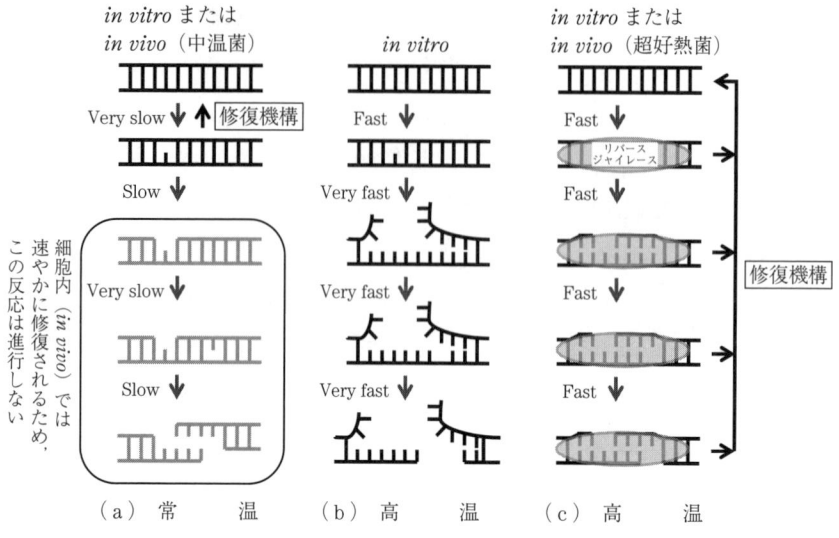

図 2.5 熱による DNA の化学的分解とリバースジャイレース[16)]

DNA は熱により脱プリン化などの化学的分解を起こし，その結果，ホスホジエステル結合の切断が生じる（a, b）。リバースジャイレースはその反応（*in vitro*）を阻害することができる（c）。超好熱菌細胞内では，リバースジャイレースにより化学的分解が阻害され，その間に修復機構が働き DNA の構造が維持されていると考えられる

→ 修復反応
→ 分解反応

ことができなかったためと考えることもできる。さらなる研究が期待される。

2.5 RNA の安定化

RNA のリボースの 2 位に存在する水酸基の影響（隣接基効果）により，一般的に RNA は DNA よりも不安定である。RNA の安定化の戦略は，DNA の場合と少し異なる。**図 2.6** は，アーキア（47 種）の至適生育温度と tRNA の平均 GC 含量の関係を表したものである。染色体 DNA の場合と異なり，至適生育温度が高い微生物ほど tRNA の平均 GC 含量は高くなる傾向がある。tRNA は多種多様な修飾を受けることが知られており，これまでに 80 種類以上の tRNA 修飾ヌクレオシドの存在が確認されている。超好熱性アーキア *Pyrococ-*

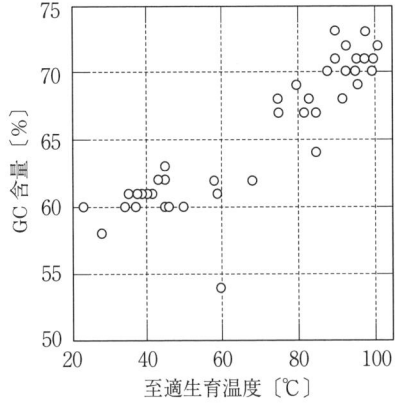

図 2.6 アーキアの至適生育温度と tRNA の平均 GC 含量[17]

cus furiosus を 70, 85, 100℃ の温度でそれぞれ培養すると図 2.7 に示すヌクレオシドの細胞内含有量が培養温度の上昇に伴って増加することが報告され，tRNA の安定化に寄与していることが強く示唆されている[18]。また，好熱性細菌 Thermus thermophilus の m^5s^2U 合成酵素遺伝子を破壊すると 80℃ における生育頻度が大幅に低下し，82℃ では生育できないことが報告されている[19]。

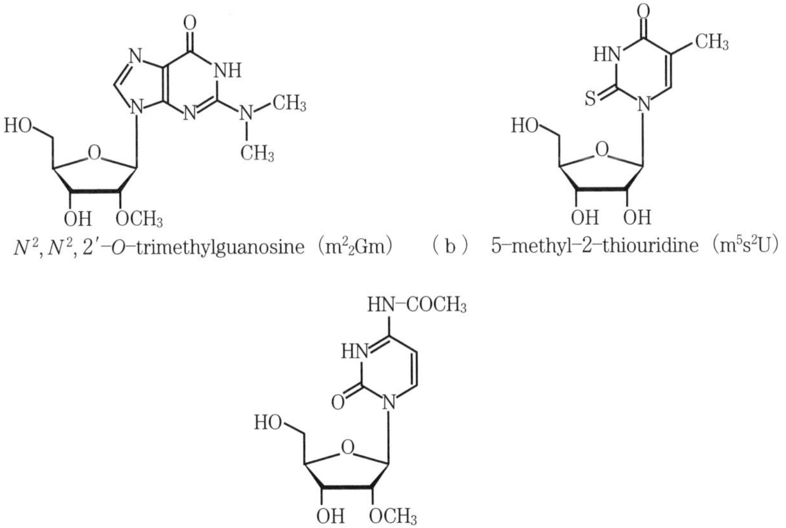

(a) $N^2, N^2, 2'-O$–trimethylguanosine (m^2_2Gm)　(b) 5-methyl-2-thiouridine (m^5s^2U)

(c) N^4–acetyl-2′-O–methylcytidine (ac^4Cm)

図 2.7 好熱菌，超好熱菌に見られる修飾ヌクレオシド

ポリアミンという物質が核酸，特にRNAの安定化に寄与している（図2.8）。**ポリアミン**（polyamine）とは，アミノ基を二つ以上含む非環状脂肪族化合物のことであり，分子中にアミンを含むため塩基性を示し，細胞内にあるリン脂質，ATP，核酸（DNA，RNA）などのさまざまな酸性物質と相互作用できる。細胞内では主にRNAに結合しその構造を安定化している。**プトレシン**（putrescine），**スペルミジン**（spermidine），**スペルミン**（spermine）の他にも，高度好熱菌や超好熱菌には，**長鎖ポリアミン**や**分岐型ポリアミン**といった特殊なポリアミンの存在が認められており[20]，分岐型ポリアミンの生合成遺伝子を破壊した超好熱性アーキア *T. kodakarensis*（生育温度範囲60〜100℃）は，93℃で生育できないことが報告されている[21]。このような特殊なポリアミンは，細胞の高温への適応戦略の一つと考えられる。

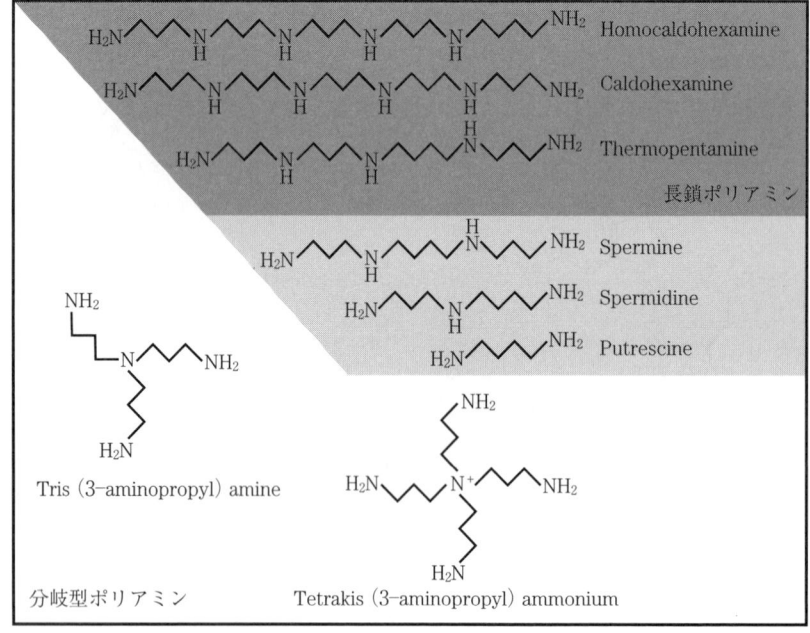

好熱菌や超好熱菌から，長鎖ポリアミンや分岐型ポリアミンが見出されている。ポリアミンの名称に含まれるcaldo-やthermo-は「熱」に由来している

図2.8 さまざまなポリアミン

2.6 生体分子を安定化するその他の化合物

前述の温度上昇に伴うDNAの融解は，塩基性物質の影響を受ける。リン酸基がDNAの二重らせん構造の表面に位置しているため，その負電荷によりたがいの鎖が反発している。カリウムイオンなどの陽イオンや，ポリアミンのような塩基性物質の存在によって，リン酸基の静電的反発が弱まる（遮蔽効果）。実際に in vitro の実験において，カリウムイオン，ポリアミンの添加が熱によるDNAの融解を防ぐことが報告されている。また，好熱菌，超好熱菌の細胞内カリウムイオン濃度が調べられており（**表2.2**），非常に高濃度のカリウムイオンが菌体内に維持されていることが明らかとなっている。Methanothermus fervidus, Methanothermus sociabilis の至適生育温度はともに高く，これらは超好熱菌に分類されるが，染色体DNAのGC含量は33％と低い。高いカリウムイオン濃度を保つことで染色体DNAの融解を防いでいると考えられる。しかし，中温菌である Methanobrevibacter arboriphilus（至適生育温度37℃）や Methanococcus voltae（至適生育温度38℃）の細胞内カリウムイオン濃度はそれぞれ1 225, 725 mMであることから，必ずしも超好熱菌だけの特

表2.2 好熱菌，超好熱菌の染色体DNAのGC含量と細胞内カリウムイオン濃度[13]

	菌　名	GC含量〔％〕	K^+〔mM〕
超好熱菌	Methanopyrus kandleri (98)	59	2 300
	Methanothermus fervidus (84)	33	985
	Methanothermus sociabilis (88)	33	1 060
	Pyrococcus woesei (100)	37.5	500～600
	Thermoproteus tenax (88)	55.5	<100
好熱菌	Methanothermobacter thermautotrophicus (65)	49.7	710

〔注〕（　）内の数字は至適生育温度。

徴とはいえない[13),22),23)]。

　生物は熱以外にもさまざまなストレスを自然環境から受けている。浸透圧ストレスに対する適応戦略として，多くの植物や微生物は，**適合溶質**（compatible solutes）と呼ばれる高い水溶性の低分子化合物を合成し浸透圧の調節を行っている。適合溶質は，当初，浸透圧ストレスへの適応戦略の一つとして考えられてきたが，乾燥，活性酸素，熱ショック（一時的にそれまで増殖していた温度よりも高い温度にさらされること）のようなストレスに対する細胞の保護効果を有することが明らかになってきた。Di-*myo*-inositol phosphate（DIP）および mannosylglycerate（MG）は，好熱菌および超好熱菌に広く分布している適合溶質である（図 2.9）。これらの適合溶質は，タンパク質の安定性を向上させることが *in vitro* の実験で明らかにされている。また，さまざまな超好熱菌において，熱ストレスにさらされると DIP の細胞内含有量が増大することが報告されている[24)]。

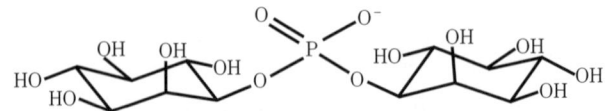

（a）Di-*myo*-inositol phosphate（DIP）

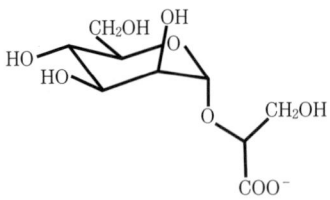

（b）Mannosylglycerate（MG）

図 2.9　好熱菌，超好熱菌に見られる適合溶質

2.7　細 胞 膜 脂 質

　アーキアの**膜脂質**は，真核生物や細菌のそれとは大きく異なっており，以下の 4 点にまとめることができる。

(1) 真核生物と細菌由来の膜脂質の基本骨格は sn-グリセロール3リン酸であるが,アーキアでは sn-グリセロール1リン酸が用いられている。両者の基本骨格は sn-2位の不斉炭素原子に対してたがいに鏡像異性体の関係にある。

(2) グリセロール骨格に結合している炭化水素鎖は,細菌と真核生物では脂肪酸であるのに対して,アーキアでは,飽和イソプレノイドアルコールである。

(3) グリセロール骨格と炭化水素鎖が,細菌と真核生物ではエステル結合で結ばれているのに対して,アーキアでは,エーテル結合している(ジエーテル型脂質,図2.10)。

(4) また,ジエーテル型脂質の飽和イソプレノイド炭化水素同士を向かい合わせて結合したテトラエーテル型脂質の存在が,すべてのアーキアではないが,確認されている(図2.11)[25]。

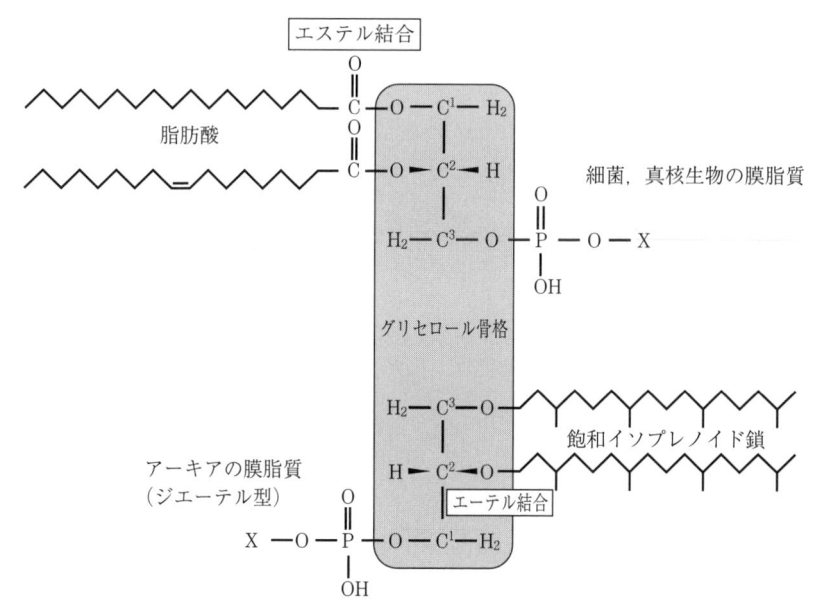

X:セリン,エタノールアミン,イノシトールなどの極性基

図2.10 細菌,アーキア,真核生物の膜脂質

2. 好熱性微生物

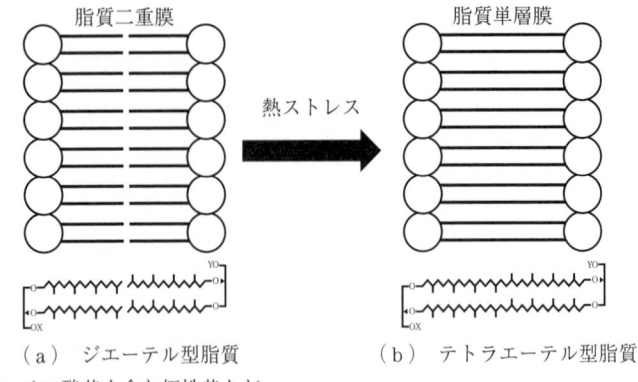

```
   脂質二重膜                    脂質単層膜
  ○○○○○○○     熱ストレス      ○○○○○○○
                  ⟹
  (a) ジエーテル型脂質        (b) テトラエーテル型脂質
```
X:リン酸基を含む極性基など
Y:糖鎖

超好熱性アーキア *Archaeoglobus fulgidus* と *Thermococcus kodakarensis* において,至適生育温度よりも高い温度で培養した場合(熱ストレス),膜のテトラエーテル型脂質の占める割合が増加するという報告がなされている

図 2.11 アーキア細胞膜脂質の環境適応

　飽和イソプレノイド炭化水素は酸化反応に対して抵抗性があり,エーテル結合はエステル結合に比べて酸や熱に対して化学的に安定である。また,グリセロール骨格に結合している飽和イソプレノイドアルコールは,脂肪酸と比較してメチル基の側鎖が多いため,膜を形成した際の低分子化合物に対する透過性が低いという特徴があり,エネルギー生産のためのプロトン勾配を維持するのに有利である(5.4節参照)。テトラエーテル型脂質が膜脂質に存在する場合,膜の安定性はさらに向上する[6]。

　このような特徴をもつアーキアは,高熱や酸性の強い極限環境での生育に有利だと思われる。超好熱性アーキア *Archaeoglobus fulgidus* と *T. kodakarensis* において,至適生育温度よりも高い温度で培養した場合(熱ストレス),膜のテトラエーテル型脂質の占める割合が増加するという報告がされている[26),27)]。しかし,超好熱性細菌の主とした膜脂質はエステル型脂質であり,世界最高の生育上限温度の記録をもつ超好熱性アーキア *M. kandleri* はテトラエーテル型脂質をもたない。また,テトラエーテル型脂質は,超好熱性アーキ

アだけでなく，中温性アーキアにも広く分布している。したがって，必ずしもこのような構造が高温環境に必須であるわけではない。

2.8 社会に役立つ（超）好熱菌由来酵素
― DNA を 100 万倍に増幅する技術 ―

　われわれの体を構成する主要な成分の一つにタンパク質がある。主な体内の化学反応は，酵素と呼ばれるタンパク質によって触媒されている。もし，タンパク質が働かなくなれば，われわれは生きてはいけない。生卵を茹でると，ゆで玉子ができる。これは，生卵の中にあるタンパク質が高温にさらされることで，タンパク質の形が壊れてしまうためである。これを**熱変性**という。しかし，超好熱菌のタンパク質は熱水中でも壊れない，すなわち茹で上がらないのである。好熱菌・超好熱菌が産生するタンパク質は，その内部に存在する疎水性相互作用や分子表面に存在する多くのイオン結合により，熱安定性が高く保たれている。耐熱性タンパク質は，有機溶媒・界面活性剤などのタンパク質を変性させる薬剤に対しても耐性を示し，また，長期間の保存に耐えるため，産業応用の面から注目されている。実用化に成功した一つの例として，DNA 増幅技術とそれに使用される酵素を紹介しよう。

　細胞が分裂するとき，その設計図が描かれている DNA はコピーされる必要がある。さまざまなタンパク質が働いて，DNA の二重らせんがほどかれ一本鎖 DNA となり，その一本鎖 DNA を鋳型にして新たに DNA 鎖が合成される。細胞内で **DNA ポリメラーゼ**と呼ばれるタンパク質が新しく DNA 鎖を合成する。この DNA ポリメラーゼを使って試験管内で DNA を合成・増幅する反応を **PCR**（polymerase chain reaction）と呼ぶ。反応液中には，DNA ポリメラーゼ，DNA を合成するための材料，鋳型の DNA などが含まれる。細胞内には DNA の二重らせんを一本鎖へとほどくタンパク質が存在するが，PCR 法では反応温度を上昇させることで一本鎖 DNA をつくり出している。そのため，DNA ポリメラーゼは耐熱性でなければならない。現在市販されている DNA ポ

リメラーゼのほとんどが好熱菌もしくは超好熱菌由来であるのはこのためである。好熱性細菌 T. aquaticus 由来の耐熱性 DNA ポリメラーゼは **Taq ポリメラーゼ**と呼ばれ，この酵素を用いた PCR の研究により，キャリー・マリス（Kary B. Mullis）はノーベル化学賞（1993 年）を受賞している。その後，T. kodakarensis や P.furiosus などの超好熱性アーキア由来の DNA ポリメラーゼが，高い正確性（DNA 合成時のミスが少ない）を有するポリメラーゼとして販売されるようになった。PCR 法では，指定された領域を 1 回の反応で 2 倍に増幅できる。したがって，20 回反応を繰り返せば 2^{20} 倍（およそ 100 万倍）に DNA を増幅することができる。この PCR 法は，遺伝子操作の基本技術であり，遺伝子診断や犯罪捜査にも利用されている。

引用・参考文献

1) M.T. Madigan and J.M. Martinko：Brock Biology of Microorganisms 11th ed., Prentice-Hall（2005）
2) T. Imanaka and H. Atomi：Catalyzing "Hot" Reactions：Enzymes from Hyperthermophilic Archaea, The Chemical Record, **2**(3), pp.149-163（2002）
3) C. Brochier-Armanet and P. Forterre：Widespread distribution of archaeal reverse gyrase in thermophilic bacteria suggests a complex history of vertical inheritance and lateral gene transfers, Archaea, **2**, pp.83-93（2006）
4) 山岸明彦：生命の進化と古細菌，蛋白質 核酸 酵素，**54**(2)，pp.108-113（2009）
5) S. Akanuma, Y. Nakajima, S. Yokobori, M. Kimura, N. Nemoto, T. Mase, K. Miyazono, M. Tanokura and A. Yamagishi：Experimental evidence for the thermophilicity of ancestral life, Proc. Natl. Acad. Sci. USA, **110**(27), pp.11067-11072（2013）
6) 跡見晴幸，今中忠行：超好熱菌の高温環境適応戦略，生化学，**75**(7)，pp.561-575（2003）
7) S.D. Hamilton-Brehm, R.A. Gibson, S.J. Green, E.C. Hopmans, S. Schouten, M.T. van der Meer, J.P. Shields, J.S. Damsté and J.G. Elkins：*Thermodesulfobacterium geofontis* sp. nov., a hyperthermophilic, sulfate-reducing bacterium isolated

from Obsidian Pool, Yellowstone National Park, Extremophiles, **17**(2), pp.251-263 (2013)
8) D.A. Cowan : The upper temperature for life-where do we draw the line?, Trends Microbiol., **12**(2), pp.58-60 (2004)
9) K. Takai, K. Nakamura, T. Toki, U. Tsunogai, M. Miyazaki, J. Miyazaki, H. Hirayama, S. Nakagawa, T. Nunoura and K. Horikoshi : Cell proliferation at 122°C and isotopically heavy CH_4 production by a hyperthermophilic methanogen under high-pressure cultivation, Proc. Natl. Acad. Sci. USA, **105**(31), pp.10949-10954 (2008)
10) R.M. Daniel and D.A. Cowan : Biomolecular stability and life at high temperatures, Cell. Mol. Life Sci., **57**(2), pp.250-264 (2000)
11) 大島敏久, 櫻庭春彦:超好熱性アーキアのユニークな糖代謝系, 蛋白質 核酸 酵素, **54**(2), pp.134-140 (2009)
12) D.R. Boone, G.Garrity and R.W. Castenholtz (ed.) : Bergey's Manual of Systematic Bacteriology 2 nd. Vol.1, Springer-Verlag (2001)
13) R.A. Grayling, K. Sandman and J.N. Reeve : DNA stability and DNA binding proteins, Adv. Protein Chem., **48**, pp.437-467 (1996)
14) P. Lopez-Garcia and P. Forterre : DNA topology in hyperthermophilic archaea : reference states and their variation with growth phase, growth temperature, and temperature stresses, Mol. Microbiol., **23**(6), pp.1267-1279 (1997)
15) H. Atomi, R. Matsumi and T. Imanaka : Reverse gyrase is not a prerequisite for hyperthermophilic life, J. Bacteriol., **186**(14), pp.4829-4833 (2004)
16) M. Kampmann and D. Stock : Reverse gyrase has heat-protective DNA chaperone activity independent of supercoiling, Nucleic Acids Res., **32** (12), pp.3537-3545 (2004)
17) Y. Kawai and Y. Maeda : GC-content of tRNA genes classifies archaea into two groups, J. Gen. Appl. Microbiol., **55**(5), pp.403-408 (2009)
18) J.A. Kowalak, J.J. Dalluge, J.A. McCloskey and K.O. Stetter : The role of post-transcriptonal modification in stabilization of transfer RNA from hyperthermophiles, Biochemstry, **33**(25), pp.7869-7876 (1994)
19) N. Shigi, Y. Sakaguchi, T. Suzuki and K. Watanabe : Identification of two tRNA thiolation genes required for cell growth at extremely high temperatures, J. Biol. Chem., **281**(20), pp.14296-14306 (2006)
20) T. Oshima : Unique polyamines produced by an extreme thermophile, *Thermus*

thermophilus, Amino Acids, **33**(2), pp.367-372（2007）
21) K. Okada, R. Hidese, W. Fukuda, M. Niitsu, K. Takao, Y. Horai, N. Umezawa, T. Higuchi, T. Oshima, Y. Yoshikawa, T. Imanaka and S. Fujiwara：Identification of a novel aminopropyltransferase involved in the synthesis of branched-chain polyamines in hyperthermophiles, J. Bacteriol, **196**(10), pp.1866-1876（2014）
22) R. Hensel and H. König：Thermoadaptation of methanogenic bacteria by intracellular ion concentration, FEMS Microbiol. Lett., **49**, pp.75-79（1988）
23) K.F. Jarrell, G.D. Sprott and A.T. Matheson：Intracellar potassium concentration and relative acidity of the ribosomal proteins of methanogenic bacteria, Can. J. Microbiol., **30**(5), pp.663-668（1984）
24) K. Horikoshi（ed.）：Extremophiles Handbook, pp.497-520, Springer（2011）
25) 古賀洋介：アーキアの脂質膜の特性と生物の進化，蛋白質 核酸 酵素，**54**(2), pp.127-133（2009）
26) Y. Matsuno, A. Sugai, H. Higashibata, W. Fukuda, K. Ueda, I. Uda, I. Sato, T. Itoh, T. Imanaka and S. Fujiwara：Effect of growth temperature and growth phase on the lipid composition of the archaeal membrane from *Thermococcus kodakaraensis*, Biosci. Biotechnol. Biochem., **73**(1), pp.104-108（2009）
27) D. Lai, J.R. Springstead and H.G. Monbouquette：Effect of growth temperature on ether lipid biochemistry in *Archaeoglobus fulgidus*, Extremophiles, **12**(2), pp.271-278（2008）

3 好冷性微生物

3.1 好冷性微生物とは

　地球上にはさまざまな環境が存在するが，極地方，高山，海の中など，4℃以下の低温環境が多く見られる。多くの生物はそのような環境下では増殖することはできない（ただし微生物の場合，通常は死んでしまうわけではなく，増殖を止めて，また最適な条件下で生育できる日を待っている）。しかし，中にはそのような環境下でも良好に生存できる「**好冷性生物**（psychrophile）」も存在する。「好冷性」の定義は研究者によってやや異なっており，議論となっているが，ここでは0℃付近で良好に生育することのできる生物全般を指すことにする。

　現在地球上で見つかっている生物は，三つの大きな区分（細菌[†1]，古細菌（アーキア），真核生物）に分類される。この区分を**ドメイン**（domain）という[†2]。好冷性生物は生物界の三つのドメインすべてに存在する。しかも微生物のみならず，藻類（そうるい），昆虫，植物，魚類など，その幅は広い。例えば昆虫であるカワゲラの仲間には雪渓（せっけい）に住むものがいて，雪の中の藻（も）などを食べている。この虫は手の平に乗せると体温の熱さで動けなくなるが，雪の上では活発に動き回るという，非常に興味深い生物である。しかし多様性とバイオマスにおい

[†1] 1章で述べたとおり，本書ではbacteriaの表記を細菌で統一しているが，archaeaを古細菌と表記した場合，その対としてbacteriaを真正細菌と表記することがある。

[†2] 2章まで，群と呼ばれていたものである。

て，微生物が好冷性生物の中で大部分を占める（そもそも地球上のすべてのバイオマスの中で，最も大量に存在するのは微生物なので，このことは驚くには値しない）。

3.2　地球上における好冷性微生物の分布[1]

現在までに，氷河，永久凍土，海氷，深海などのさまざまな低温環境から好冷性微生物が単離されている。微生物は必ずしも最適の環境にいるわけではないので，**中温性微生物**（mesophile）もこれらのような低温環境から数多く単離される。しかし逆に，温度の高いところで好冷性微生物が見つかることはまずない。その理由は，高温はこのような生物にとっては致死的だからである。好冷性微生物研究の難しさの一つは，この点にある。採取したサンプルの保管温度が上昇すると，そこにいた好冷性微生物は生存できなくなってしまう。したがってサンプルの適正な温度管理が重要となる。

現在地球上で見られる低温環境というのは，実はそれほど古くから低温のままだったわけではないらしい。地球の歴史の中では氷河期と間氷期が繰り返されていることはよく知られている。またかなり極端に温度が変化する時期があったこともわかってきている。例えば5500万年前には，短期間ではあるが地球規模で温度が上昇し，極地の氷がなくなった時期があったらしい。地球の歴史は46億年，生命の歴史は38億年といわれているので，5500万年前は地球規模で見ればつい最近の出来事である。もし好冷性微生物がまったく高温環境を生き延びることができないのであれば，このような時期には全滅してしまうことになる。しかし，ほんの少しの数でも生き残ることができれば次代につなぐことができる。

逆に「全球凍結」と呼ばれる，地球がほとんど氷で覆われてしまうような低温期もあったらしい。植物が生育できなくなるため酸素濃度も低下し，多くの生命はこのとき絶滅した。嫌気性の好冷性独立栄養微生物にとってはパラダイスだったのかもしれないが。

微生物の好冷性とは比較的新しく生命が獲得した性質なのか。それとももともと備わっているものなのか。低温から高温までの幅広い温度域で生育できるような微生物が見つかれば，そのような研究を進める上で興味深い研究対象になると思われる。後述のように，4℃から25℃まで良好な生育を示す微生物も見つかっている。生命の進化を考える上でもたいへん興味深い対象であるといえる。

3.3　低温が生命に与える影響[1]

　低温は生体を構成する分子に対して大きな影響を与える。分子振動が少なくなるため，安定性は向上するが，生体分子で重要な要素の一つである柔軟性は低下する。特に水の固体化（つまり氷結）は重大な問題である。現在知られているすべての生命は，その活動維持のために**液体状の水**（liquid water）を必要とする。完全に凍結してしまった場合，さまざまな生体反応が起こらなくなるため，微生物は増殖できない。このとき氷の結晶が細胞を破壊することがある。この場合，その微生物は死滅する。

　細胞が破壊されなかった場合，そのまま生育は停止する。氷が融解するとまた増殖する場合もある。何万年前から溶けたことのない氷床から微生物が発見され，増殖したという例もある。ただしこれは氷に閉じ込められて保存されていたということなので，本章で扱う好冷性微生物とは異なる。

　氷河のような凍り付いた場所でも，ミクロな環境では液体の水が存在するので，このようなところには好冷性微生物が生育しうる。水の凝固点は0℃であるが，海水では塩などの溶質があるため，-2℃程度までは凍らない。また過冷却状態になった水は0℃以下でも凍らない。現在のところ，-12℃で増殖する微生物が知られている。凍り付きさえしなければ生命は増殖しうると考えてもいいのかもしれない。

　好冷性生物の中には，細胞水の凍結を防ぐため，細胞内で**凍結保護材**（cryoprotectant）や**不凍タンパク質**（anti-freeze protein）を合成するものがある。

これは細胞内で氷の結晶が成長するのを妨げる働きをもつ。自動車などのエンジンの冷却液に使う不凍液と同じようなものだと考えてもらえばよい。

凍結保護材としてはグリシンベタイン，グリセロール，トレハロース，スクロース（ショ糖）などが知られている。例えばグリシンベタイン（**図3.1**）はタンパク質の凝集を防ぐ働きがあることが知られており，生体内ではコリンから生成される。4級アミンでつねに荷電している部分があるため，水分子やタンパク質表面の親水性アミノ酸残基と相互作用をしやすいのであろう。他のものは分子内に複数の水酸基をもつ。これがおそらく水分子と相互作用して，水の結晶化を妨げるのだろう。

（a）グリシンベタイン　　（b）グリセロール

（c）トレハロース　　（d）スクロース（ショ糖）

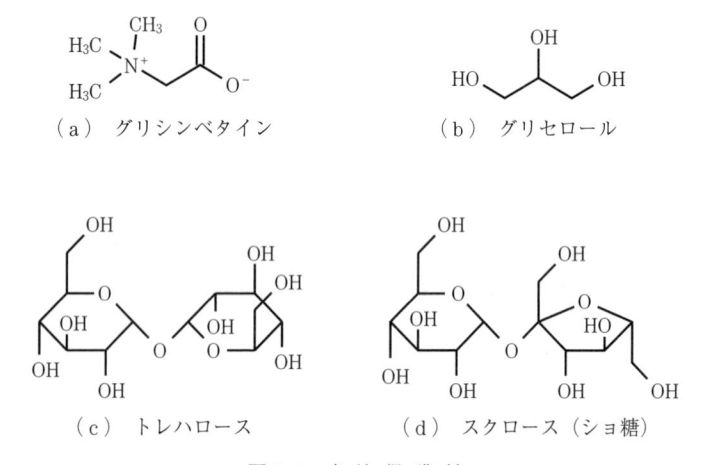

図 3.1　凍結保護材

また菌体外ポリサッカライドも重要な意味をもつのではないかと考えられている。これも構造中に水酸基を多くもつため，水分子と相互作用して，氷の結晶の成長を妨げるのであろう。一方，不凍タンパク質は植物や魚類ではよく知られているが，微生物ではまだあまり研究例がない。

しかし，凍結しなければ問題ない，というわけでもない。生物が生育するためにはさまざまな**代謝反応**（metabolic reaction）が必要となるが，これらはすべて化学反応である。化学反応は温度に依存するので，低温下では当然反応速

度が遅くなる。したがって好冷性微生物には生育が非常に遅いものもいる。このような微生物の増殖を観察するのは難しい。このようなときは化合物の代謝活性を測定することで生命活動が起こっているかどうかを判断する。同位体ラベルした化合物を取り込ませて代謝産物を追跡する，いわゆる**トレーサー** (tracer) 実験を行うことによって代謝活性を測定することができる。

3.4 細胞膜と低温適応[1]

　一般的に生命の定義とは，自己増殖能があること，物質代謝能があること，自己と外界を区切る膜をもつことの三つである。したがって細胞膜は生命の本質に関わる重要な構成成分である。

　細菌や真核生物の細胞膜の主要成分は，グリセロールの三つの水酸基のうち二つに長鎖脂肪酸がエステル結合し，残りの一つにはリン酸基を介して極性基が結合するグリセロリン脂質である（**図 3.2**）。2章で述べたとおり，古細菌では脂肪酸ではなくイソプレノイド鎖が，エステル結合ではなくエーテル結合でグリセロールに結合しているという特異な構造の脂質をもつが，長い2本の疎水鎖と極性基からなるという意味では本質的には同じものである。これらがその疎水部を内に向けた形で二分子膜を形成している（**脂質二重膜**（lipid bilayer），**図 3.3**）。

　膜内，もしくはその表面には膜結合型タンパク質が結合し，エネルギー代謝や物質移動などのさまざまな機能を担っている。細胞膜はその平面から垂直方向にはしっかりした構造を保つが，平面内では脂質分子は自由に移動するという，いわば液晶状態をとっている。膜結合型タンパク質もその流れに乗って一緒に移動する。この**流動性**（fluidity）は生命維持において重要である。膜が硬化すると物質輸送などに支障を来す。低温では脂質二重膜は相転移（phase transition）を起こし，そのままでは流動性は低下する（近年になり，膜脂質は水平方向にも完全に自由運動をするわけではなく，ある程度制限がかかっていると考えられるようになったが，流動性の重要さは変わらない）。

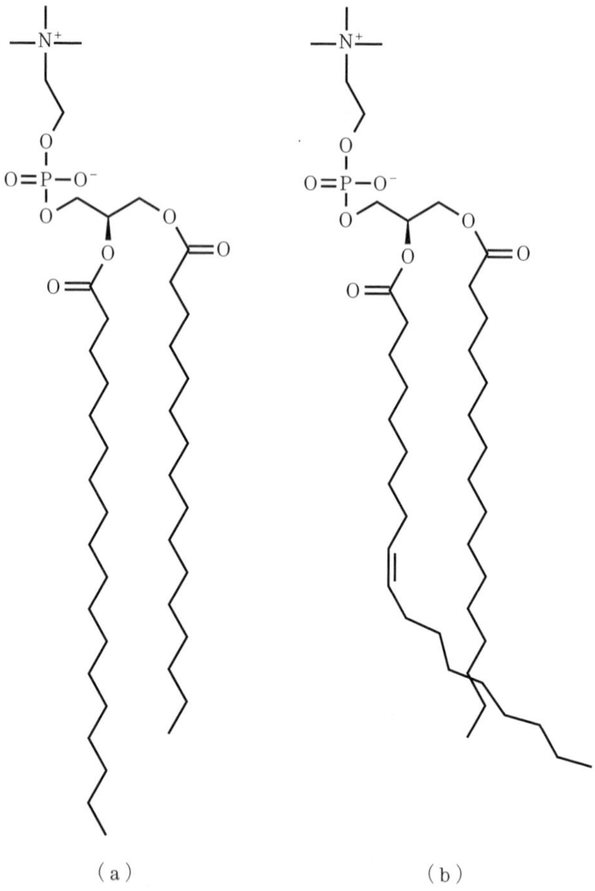

図 3.2 リン脂質（(a) はグリセロールの1位にパルミチン酸（炭素数16），2位にステアリン酸（炭素数18），3位にリン酸基とコリンが結合したもの。(b) は (a) のステアリン酸がオレイン酸（炭素数18，不飽和度1）に置き換わったもの）

　細菌では多くの場合，低温では含有脂肪酸の不飽和度が上昇する。ほとんどの場合，二重結合は *cis* であり，炭素鎖が大きく折れ曲がる（図3.2(b)）。全体の不飽和度が低い場合は脂質二重膜はしっかりパックされるが，不飽和度が上昇するにつれてパッキングが緩くなり，相転移温度が下降する。その結果，低温でも流動性が保たれることになる（図3.3(b)）。好冷菌の場合，低

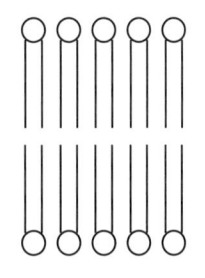

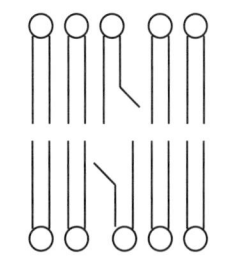

3.4 細胞膜と低温適応

(a) すべて飽和脂肪酸である場合
(b) 一部不飽和脂肪酸がある場合

○ ：親水基
— ：疎水基

図 3.3　細胞膜の模式図

温下では，脂肪酸を不飽和化するデサチュラーゼが発現誘導され，既存の細胞膜中の脂肪酸の不飽和度が上昇する。また新規合成される脂肪酸も，不飽和のものが増加する。脂肪酸生合成系の中で，β-ケトアシルシンターゼが2種類ある。このうち不飽和脂肪酸の鎖の延長に強く関与する酵素は熱に不安定である。つまり高温時にはこちらはあまり機能できず，飽和脂肪酸の比率が上昇する。低温時には逆に不飽和度が上昇する。

また鎖長にも変化が現れる。低温時には炭素数 18 のものに比べて 16 のものが増加する。グリセロリン脂質の2本の脂肪酸のうち，1本だけが短くなると相転移温度が低下することが知られている。

他のドメインの生物のケースだが，真核生物では膜の流動性や安定性は，膜内に存在する**ステロール**（sterol）の量で調整される。ステロールが減少すると膜の流動性が増す。ステロールというと，一般的には血液中にあるコレステロールが有名である。成人病の原因になるなど，どちらかというとあまりいいイメージがないかもしれないが，細胞膜の補強成分として非常に重要な役割を担っている。なければいい，というものではないのである。一方，古細菌の場合は，高温環境では大環状脂質（2本の炭素鎖が先端で結合している）が増加するなどの事実がよく知られているが，低温環境への適応機構に関してはあまりよくわかっていない。

多くの好冷性微生物は**多価不飽和脂肪酸**（polyunsaturated fatty acid）であ

るエイコサペンタエン酸（eicosapentaenoic acid，**EPA**）やドコサヘキサエン酸（docosahexaenoic acid，**DHA**）をもつ（図3.4）。これらは青魚に含まれる脂肪酸ということで有名でもあるが，この場合は海洋の好冷性微生物が生産したものを摂取することによって体内に取り込まれているようである。これらの多価不飽和脂肪酸は，好冷性微生物が低温における細胞膜の流動性を確保するために存在すると考えられてきた。

（a）エイコサペンタエン酸（EPA）

（b）ドコサヘキサエン酸（DHA）

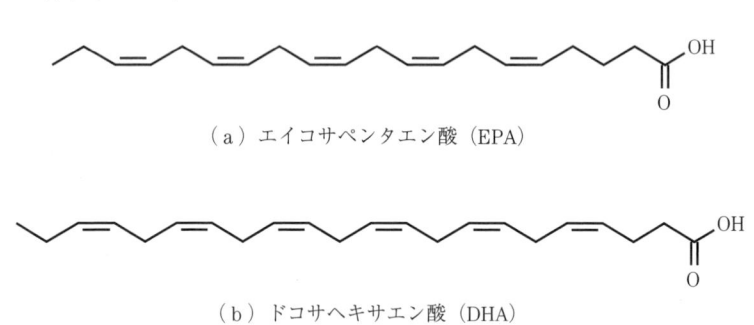

図3.4 好冷性微生物がもつ多価不飽和脂肪酸

しかし最近になり，京都大学の栗原，川本らのグループが，好冷性微生物における多価不飽和脂肪酸の役割について興味深い研究を行っている。南極の海水から単離された *Shewanella livingstonensis* Ac10 は 4℃から 25℃という幅広い生育温度域をもつ好冷性細菌である。この細菌は低温培養時にのみ EPA を生産する。また EPA 欠損株は低温での生育が阻害され，著しい細胞の伸張が見られるようになる。このことからも低温生育時の EPA の重要性は明らかである。

しかし，野生株と EPA 欠損株からそれぞれ調製した細胞膜画分の物性測定を行うと，流動性に大きな違いが見られない。ということは，EPA の役割は膜の流動性維持とはあまり関係がないということになる。膜の流動性を確保するためには**一価不飽和脂肪酸**（monounsaturated faty acid）があれば十分であり，多価である必要はないらしい。一方，ラベル化した EPA 類縁体を培地に投与して培養すると，EPA が細胞分裂部位に局在するのが観察される。この

ことから，EPAが低温下の細胞分裂においてなんらかの機能をもつと考えられる[2]。

ではEPAは実際にどのような働きをしているのだろうか。*S. livingstonensis* Ac10において，EPAはOmp74という外膜タンパク質の**フォールディング**（folding）に重要な働きをすることが示唆されている。このOmp74は低温培養時に誘導されるポリン様タンパク質である。EPAはこのタンパク質が正しい**コンフォメーション**（conformation）をとるための手助けをする。つまり**シャペロン**（chaperone）としての役割を担うと考えられている[3]。通常シャペロンはタンパク質だが，この場合はEPAという低分子化合物が同様の働きをする。EPAがすべてのタンパク質に対してこのように機能するのか，それとも特定のタンパク質とのみ相互作用をするのか，現在のところは不明である。しかし膜脂質のこれまで知られていなかった役割が示唆されたという点で，たいへん興味深い。

3.5　タンパク質の低温適応[4]

タンパク質はアミノ酸が重合してできた高分子化合物であり，この鎖が一定の形に折りたたまれている。全体の形状はおもに疎水的相互作用，水素結合，静電的相互作用などによって成り立っているため，構造は固いものにはならない。タンパク質が機能するためにはこの**柔軟性**（flexibility）が重要である。低温下では分子振動が制限され，タンパク質の柔軟性は低下する。したがって低温下ではタンパク質の機能も低下する。低温下で生きる生物はこの問題を解決して，このような環境下でも生体反応を速やかに進行させなければならない。前記のとおり，酵素反応は化学反応なので，低温下では本質的に反応速度が低下する。したがって問題は非常に大きい。

低温性タンパク質の活性部位は当然低温でも十分な柔軟性をもつと考えられており，このことが低温下での活性に重要である。しかし，柔軟性はタンパク質の熱安定性を低下させる原因でもあるため，基本的には好熱性微生物のもつ

好熱性タンパク質の耐熱性の要因とは逆のものになる。例えば生物に広く存在する電子伝達タンパク質である c 型シトクロムを用いて比較すると，好冷性微生物のものは同属の中温性微生物のものよりも熱安定性が低い[5]。

タンパク質の熱安定性に寄与する要因として，下記のようなものが考えられている[1),6)]。

(1) 細胞質中に存在する可溶性タンパク質分子は，形状を保つための内部疎水性コアと，細胞質に接するための表面の親水性領域からなる（**図3.5**）。このコアのアミノ酸側鎖が小さめに，かつ疎水性が低くなっている。その結果，コアの安定性が低下する。

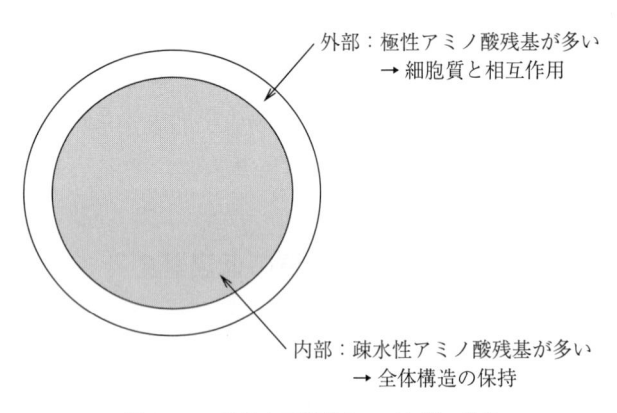

外部：極性アミノ酸残基が多い
→ 細胞質と相互作用

内部：疎水性アミノ酸残基が多い
→ 全体構造の保持

図3.5 一般的な可溶性タンパク質の構造

(2) 表面に負電荷をもつアミノ酸が多い。水との親和性を高め，かつ電荷による反発によって不安定性を増していると思われる。

(3) 水素結合，塩橋，ジスルフィド結合など，タンパク質構造の安定化に寄与する結合が少なくなっている。

(4) α-ヘリックス内のプロリンの数が多くなっている。プロリンは α-炭素とアミノ基の窒素が環状の側鎖によって固定されている（**図3.6**，図中の矢印が示す結合）ため，ねじれ角が制限される。そのためプロリンを含むペプチドの主鎖はひずみを生じる。その結果，α-ヘリックスが不安定化される。

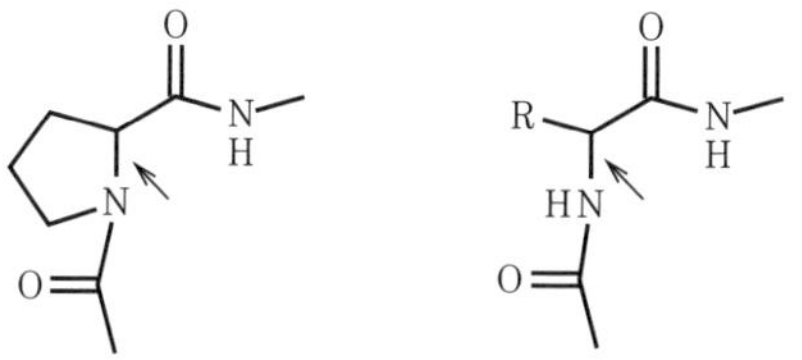

(a) プロリン残基　(b) プロリン以外の残基　(a) アルギニン　(b) リ　シ　ン

図3.6　アミノ酸主鎖の回転　　　　図3.7　アルギニンとリシン

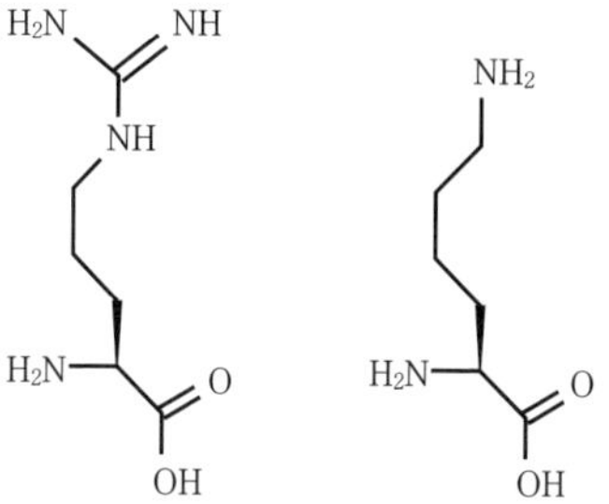

(5) 塩基性アミノ酸にはリシンとアルギニンがあるが，そのうちアルギニンの含有率が低い。リシンは側鎖にアミノ基をもつだけだが，アルギニンはグアニジニウム基をもつ（**図3.7**）。そのため周辺の官能基とさまざまな相互作用をして，分子を安定化させることがある。そのような効果をもちうるアミノ酸残基を減らすことによって安定性を低下させている。

もちろんこの他にもいくつかの要因がある。また好冷性タンパク質だからといって，このすべての条件を備えているわけではない。タンパク質の低温適応戦略はケースバイケースであり，個々のタンパク質がこれらの要因を適宜使って，個別の戦略をとっている。

また近年の網羅的解析技術の進歩に伴い，低温培養時に特異的に誘導されるタンパク質が見出されてきた[6]。この現象は当然微生物の低温適応に寄与するものと思われる。しかしこれらのタンパク質がどのように低温生育時に働くのかということに関しては，個別に理由が異なるらしい。

いくつかの場合では，低温で活性が低下するのをタンパク質の量でカバーするために発現量が増加するらしい。例えば，膜輸送系タンパク質の発現増加は，低温時の物質拡散速度の低下による栄養取込みの阻害を補っているのではないか，と考えられている。

一方，低温で必要となる機能を補うために発現してくるタンパク質もある。その一つとして，シャペロンが挙げられる。前に記したとおり，シャペロンは

タンパク質の正常なフォールディングを助けるためのタンパク質である。低温では分子振動が小さくなるため，フォールディングの進行が妨げられやすい。そのためシャペロンが必要になるのであろう。低温適応性のシャペロンを大腸菌に導入すると，4℃では生育しないはずの大腸菌が生育を見せるようになるなど，低温生育時のシャペロンの有用性は明らかである。また CspA など，RNA のフォールディングに関わるタンパク質もよく見られるが，これに関しては次節で記述する。

　上記のような低温誘導タンパク質は，比較的種間で共通して見られるものである。しかし，どのようなタンパク質が低温誘導されるのかについては，生物種によって異なっている。ということは，低温への適応戦略は種によって異なっているということであろう。

3.6　低温下での核酸の構造

　DNA の安定性に寄与する因子として，GC 塩基対の存在比が挙げられる。AT 対では水素結合が 2 本なのに対して GC 対では 3 本になるからである（2.4 節 参照）。例えば，*Bacillus* 属の好熱性微生物と中温性微生物を比較すると，好熱性微生物は **GC 含量**（GC content）がやや高いことが知られている。しかし，逆に好冷性微生物で GC 含量が低くなるという現象は特に見られない。DNA 二本鎖が一本鎖に解離する温度（T_m）は GC 含量が高くなると上昇するが，ゲノムのような長い DNA では T_m は GC 含量にはあまり依存せず，90℃以上である。なので好冷性微生物だからといって GC 含量が低くなる必要はないのかもしれない。

　いずれにせよ，低温下では核酸の二次構造も安定化されるため，転写，翻訳，DNA 複製が阻害される。二次構造への移行が速やかに行われてしまうため，正しくない二次構造をとって，そのまま安定化されてしまうことがある。

　RNA は一本鎖なので，特に影響が大きいと思われる。そのため好冷性微生物では，正しくない核酸の高次構造を不安定化してほぐし，正しい構造への移

行を促す核酸シャペロンやヘリカーゼが重要となる。CspA は大腸菌などでは**コールドショックタンパク質**（cold shock protein）として知られており，RNA や一本鎖 DNA に結合して二次構造を不安定化する，**RNA シャペロン**と呼ばれるタンパク質である（**図 3.8**）。この場合のシャペロンは，前述のタンパク質シャペロンのように能動的にフォールディングを進めるものではなく，いったん構造を壊すことによって正規な構造への移行を進めるというものである。好冷性微生物でもこのようなものが機能していることが知られている[7]。また低温で誘導される DNA ヘリカーゼは DNA 二本鎖の巻戻しを行い，正常な転写の進行を助ける。

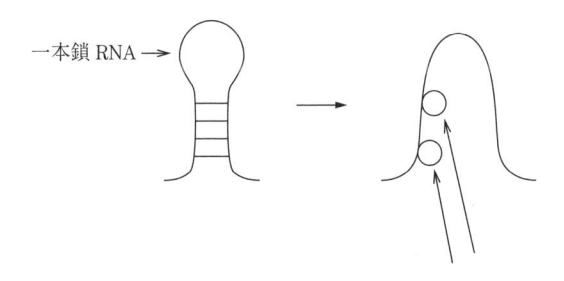

低温下では一本鎖 RNA が分子内で高次構造をとりやすくなる（左）が，CspA のような RNA シャペロンが結合して構造形成を妨げる（右）

図 3.8 RNA シャペロンのイメージ

3.7 産業への応用

　好冷性微生物，およびその酵素は低温下でも十分な活性をもつ。つまりこれらは低温で使用したいバイオリアクターでの使用が可能であるということである。例えば高温で不安定な化合物の製造などに応用できる。また反応時に温度を上げる必要がなければ，それだけエネルギーを使うことなく反応を進行させられる。さらに反応を停止させるときに穏やかな条件で酵素を失活させること

ができる。すでに好冷性微生物由来の酵素が市販され，低温下で進行させたい酵素反応を行うときの有用性は実証されている。

　問題点としては，好冷性微生物の多くは高温時には死滅してしまう。また好冷性微生物由来の酵素は，前記のとおり高温時での安定性に欠けることが多い。この不安定性を改善することが今後の課題となろう。

　酵素によっては，アミノ酸変異を導入することによって，安定性を低下させることなく低温での活性を向上させられるものもある[8]。このような酵素はもしかしたらまだ進化の途中で，低温への適応が完成していないのかもしれない。したがって低温でも機能する酵素の作出には，低温菌を宿主として中温菌由来の遺伝子を導入し，低温で継代培養して低温に適応するような変異が起こったものをスクリーニングするという，いわゆる進化工学的な手法が有効となるのではないだろうか。

　微生物の性質そのものを根本的に改変するのはおそらくかなり難しい。生育における温度適応性というのは数種類程度の遺伝子だけで決められているものではないからである。それよりもおそらく，前記の *S. livingstonensis* Ac10 のように幅広い温度で良好に生育できる微生物をスクリーニングするほうが有効であろう。現在単離されている微生物はおそらく地球に存在するもののうち1％以下だろうといわれている。そのような微生物がさらに見つかっても不思議はないだろう。

　また好冷性微生物由来のタンパク質発現用のシステムとして大腸菌のような中温性微生物を用いた系を使うと，正常な形でタンパク質を発現できないことも多い。そのため好冷性微生物を宿主として用いるタンパク質の高発現系も開発されている[6]。今後好冷性微生物の産業利用はさらに発展していくことだろう。

　最近，好冷性微生物に関してのこれまでの知見をまとめた書籍が発行された。関心のある読者は参考にされたい[9]。

引用・参考文献

1) C. Bakermans：Psychrophiles: Life in the Cold, In "Extremophiles: Microbiology and Biotechnology," Caister Academic Press, pp.53-75（2012）
2) J. Kawamoto, T. Kurihara, K. Yamamoto, M. Nagayasu, Y. Tani, H. Mihara, M. Hosokawa, T. Baba, S.B. Sato and N. Esaki：Eicosapentaenoic acid plays a beneficial role in membrane organization and cell division of a cold-adapted bacterium, *Shewanella livingstonensis* Ac10, J. Bacteriol., **191**, pp.632-640（2009）
3) X.-Z. Dai, J. Kawamoto, S.B. Sato, N. Esaki and T. Kurihara：Eicosapentaenoic acid facilitates the folding of an outer membrane protein of the psychrotrophic bacterium, *Shewanella livingstonensis* Ac10, Biochem. Biophys. Res. Commun., **425**, pp.363-367（2012）
4) G. Feller：Enzyme Function at low temperatures in psychrophiles, In "Protein Adaptation in Extremophiles. Molecular Anatomy and Physiology of Proteins Series," pp.35-69, Nova Science Publishers（2008）
5) M. Masanari, S. Wakai, H. Tamegai, T. Kurihara, C. Kato and Y. Sambongi：Thermal stability of cytochrome c_5 of pressure-sensitive *Shewanella livingstonensis*, Biosci. Biotechnol. Biochem., **75**, pp.1859-1861（2011）
6) 栗原達夫，川本　純，江崎信芳：好冷性細菌の低温適応に関わるタンパク質とリン脂質，生化学，**81**，pp.1072-1079（2009）
7) S. Fujii, K. Nakasone and K. Horikoshi：Cloning of two cold shock genes, *cspA* and *cspG*, from the deep-sea psychrophilic bacterium *Shewanella violacea* strain DSS12, FEMS Microbiol. Lett., **178**, pp.123-128（1999）
8) K. Miyazaki, P.L. Wintrode, R.A. Grayling, D.N. Rubingh and F.H. Arnold：Directed evolution study of temperature adaptation in a psychrophilic enzyme, J. Mol. Biol., **297**, pp.1015-1026（2000）
9) 湯本　勲 編：Cold-Adapted Microorganisms, Caister Academic Press（2013）

4 好アルカリ性微生物

4.1 は じ め に

好アルカリ性微生物（alkaliphiles）は，多様な分布を示す極限環境微生物の一種であり，その中のいくつかはpH12以上の強アルカリ性環境でも生育が可能である。

好アルカリ性微生物は，産業応用に利用される酵素の生産菌やバイオレメディエーション[†1]に利用される微生物として注目されている。特に，好アルカリ性微生物が生産するいくつかの菌体外酵素[†2]が，洗濯用洗剤に添加されたり，香り成分を包み込む性質のあるサイクロデキストリンのデンプンからの効率的な生産に利用されたりして，われわれの日常生活の中で役立っている。最近では特に"好アルカリ性"とさらに別の極限環境でも生育するような微生物（例えば，好熱好アルカリ性微生物，好冷好アルカリ性微生物，好塩好アルカリ性微生物などの **poly-extremophiles**）からの有用酵素の分離例も報告されるようになってきた。近年，好アルカリ性微生物のゲノム解析が増え続けているおかげで，これらのゲノム情報から有用酵素の研究も進められている。さらに，タンパク質工学的手法を用いた耐アルカリ性酵素の改変技術も進歩している。

[†1] 微生物などの働きを利用して汚染物質を分解などすることによって，土壌地下水などの環境汚染の浄化を図る技術のこと。
[†2] 菌体内で生産された酵素が菌体外へ分泌されたもの。

4.2 歴史的背景

この章では，基礎と応用の両面から注目される好アルカリ性微生物の歴史的背景と定義，そして，好アルカリ性微生物の生態学，アルカリ環境適応機構，産業応用について説明する。

4.2 歴史的背景[1]

1866年にワイン，ビールの腐敗を防ぐ低温殺菌法（パストリゼーション）を開発したフランスの微生物学者ルイ・パスツールは，微生物の培養方法として，中性で37℃といった概念を導入し，長い間，人々は，アルカリ性環境では生物が育たないと漠然と考えていたようである。しかし，中にはそう考えない者もいた。1922年にMeekとLipmanらは，中性環境で生育できる微生物をアルカリ性環境で生育させてみるという実験を行い，その後，1928年にもDownieとCruickshankが似たような実験を行っている。好アルカリ性微生物に関する最初の報告は，1934年にGibsonがpH11まで生育が可能な*Bacillus pasturii*の単離したものと，同年にVedderがpH8.6～11の範囲で良好に生育する*Bacillus alcalophilus*をヒトの排泄物から単離したものが挙げられる。1962年には，日本の工業技術院微生物工業研究所の高原と田辺らが日本古来の藍染め染料であるインディゴを還元する微生物を藍玉から分離し，この細菌の生育最適pHが11付近であることを発見した。しかし，これらの報告は，それほど大きな注目を集めなかった。

1970年代に当時，理化学研究所の研究員だった掘越弘毅博士が，本格的に好アルカリ性微生物の研究をスタートさせ，この分野での基礎を築いた。後になって，掘越が過去の好アルカリ性微生物に関する報告を調べたところ，16編ほど見つかったと記述している[1]。現在では，世界中の研究室で好アルカリ性微生物に関わる研究が行われている。そして，掘越によって好アルカリ性微生物が再発見されてから今日まで2 000編を越す好アルカリ性微生物に関する学術論文が出版されている。

4.3 好アルカリ性微生物とは

伊藤と Krulwich は，pH10 以上でも良好な生育を示す細菌を**高度好アルカリ性微生物**（extreme alkaliphiles）とし，pH9〜10 で良好な生育を示すものを**中度好アルカリ性微生物**（moderate alkaliphiles），中性付近で良好な生育を示し，pH9 程度まで生育が可能な微生物を**耐アルカリ性微生物**（alkaline tolerant microorganism）と定義した[2]。好アルカリ性微生物は，さらに pH9 以下で生育しない，もしくはほとんど生育できないものを**偏性（絶対）好アルカリ性微生物**（obligate alkaliphiles）とし，中性付近まで生育するものを**通性好アルカリ性微生物**（facultative alkaliphiles）と定義する（**図 4.1**）。一般に好熱好アルカリ性微生物，好冷好アルカリ性微生物，好塩好アルカリ性微生物などの複数の極限環境で生育する微生物（poly-extremophiles）は，一般的な好アルカリ性微生物よりも"好アルカリ性"能力が低い傾向にある。

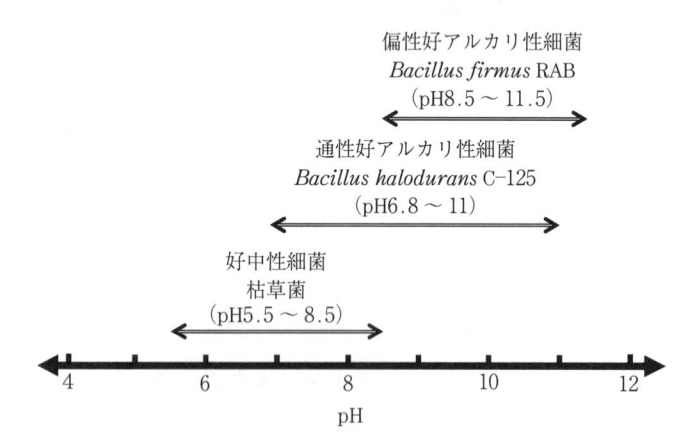

代表的な好中性細菌の枯草菌と通性好アルカリ性細菌 *Bacillus halodurans* C-125 株と偏性好アルカリ性細菌 *Bacillus firmus* RAB 株の生育 pH 範囲を両端矢印で表し，かっこ内に生育 pH 範囲を記した

図 4.1 典型的な好中性細菌と通性および偏性好アルカリ性細菌の生育と pH の関係

4.4 生態学と多様性

4.4.1 生　態　学

 2007年に湯本によって73種類のグラム陽性好アルカリ性細菌の網羅的な生態学的および分類学的な研究報告がなされた[3]。また，**表4.1**は，全ゲノム解析が行われた好アルカリ性細菌をリストアップしたものである。この中のグラム陽性細菌の多くが，2007年の湯本の論文の後に発見された好アルカリ性細菌であり，このことは，最近の急速なペースでの新種発見が反映されているといえる。これら19種類の内訳は，**グラム陽性**[†]細菌が13種と**グラム陰性**[†]細菌が6種で，11種類が好気性もしくは微好気性，8種類が嫌気性細菌である。それらのほとんどは，土壌やソーダ湖（アルカリ湖）といった自然界から分離されている。また，産業プラントや人工的な環境から分離された好アルカリ性細菌も2種類含まれている。

4.4.2 自然界のアルカリ性環境

 自然界におけるアルカリ性環境と好アルカリ性微生物の分布に関する研究は，1980年代にイギリスのGrantたちによって飛躍的に進歩した[4]。アフリカ大陸や中国大陸の乾燥気候の内陸部には天然のソーダ湖やアルカリ性土壌が存在し，湖の水の蒸発に伴い高塩濃度になることにより，湖によってはpHが11.5を超えることもある（例えば，ケニアのマガディ湖（pH10.9），エジプトのナトラン・ワジ（pH11），インドのサンバー湖（pH9）など）。これらの環境は，自然に存在するアルカリ性環境として長い間，好アルカリ性微生物の生息域となっていた。そして，湖の化学成分やそこに生息する微生物について調査がなされている。これらのソーダ湖のNaCl濃度はおよそ5%(w/v)以上あ

[†] **グラム染色**（Gram staining）によって細菌類は大きく2種類に大別される。クリスタルバイオレットといった塩基性色素による染色によって紫色に染まるものをグラム陽性，紫色に染まらずフクシンといった赤色色素による染色によって赤く見えるものをグラム陰性という。この染色性の違いは細胞壁の構造の違いによる。

4. 好アルカリ性微生物

表 4.1 ゲノム解読が終了した好アルカリ性細菌一覧

菌株名	GenBank番号	グラム染色による分類	分離源
好気性細菌			
Arthrospira platensis NIES-39	AP011615.1	陰性	アルカリ塩湖
Bacillus alcalophilus AV1934	ALPT00000000	陽性	ヒト排泄物
Bacillus clausii KSM-K16	AP006627.1	陽性	土壌
Bacillus halodurans C-125	BA000004.3	陽性	土壌
Bacillus pseudofirmus OF4	CP001878.1	陽性	米国ニューヨーク州の土壌
Bacillus cellulosilyticus DSM2522	CP002394.1	陽性	土壌
Bacillus selenitireducens MLS10	CP001791.1	陽性	米国カリフォルニア州モノ湖（強アルカリ性で非常に塩分濃度の高い湖）の泥
Oceanobacillus iheyensis HTE831	BA000028.3	陽性	深海底泥
Caldalkalibacillus thermarum TA2.A1	AFCE01000000	陽性	アルカリ熱水温泉
Thioalkalivibrio sulfidophilus HL-EbGr7	CP001339.1	陰性	Thiopaqバイオリアクター
Spirulina platensis NIES39	AP011615.1	陽性	アフリカのチャド湖
嫌気性細菌			
Alkalilimnicola ehrlichii MLHE-1	CP000453.1	陰性	米国カリフォルニア州モノ湖の無酸素底層水
Alkaliphilus metalliredigens QYMF	CP000724.1	陽性	ホウ砂浸出水の池
Alkaliphilus oremlandii OhILAs	CP000853.1	陽性	米国オハイオ川の堆積物
Desulfonatronospira thiodismutans ASO3-1	ACJN02000000	陰性	ロシアのクルンダ草原にある強アルカリ塩湖の堆積物
Desulfurivibrio alkaliphilus AHT2	CP001940.1	陰性	エジプトの強アルカリ塩湖の堆積物
Dethiobacter alkaliphilus AHT 1	ACJM01000000	陽性	北東モンゴルの強アルカリ塩湖の堆積物
Halanaerobium hydrogeniformans	CP002304	陰性	米国ワシントン州ソープ湖
Natranaerobius thermophilus JW/NM-WN-LF	CP001034.1	陽性	エジプトワディナトルン（Wadi El Natrun）の塩湖

4.4 生態学と多様性

り，ときには，15%(w/v)を超える湖もある．ソーダ湖では，カルシウムイオン（Ca^{2+}）やマグネシウムイオン（Mg^{2+}）は沈殿してしまい，これらのイオンが低濃度に維持されている．ソーダ湖に溶け込んでいる主要なイオンとしては，塩化物イオン（Cl^-），ナトリウムイオン（Na^+），炭酸イオン（CO_3^{2-}），重炭酸イオン（HCO_3^-），硫酸イオン（SO_4^{2-}）などが挙げられる．このような環境では，しばしば光合成を行う**スピルリナ**（*Spirulina*）などの好アルカリ性シアノバクテリア（らん藻）が繁殖し，高濃度塩水湖からは，好塩好アルカリ性微生物が分離され，湖を赤色にする．例外としてオマーンには$Ca(OH)_2$の豊富なアルカリ性地下水が出る地域があることが知られている．これらの研究を通して，好アルカリ性微生物の報告数が増え，一般に好アルカリ性微生物がNa^+を生育に要求することが明らかになってきた．このことは，好アルカリ性微生物の多くが好塩性好アルカリ性微生物であることを示唆している．

深海底や川の底泥からは，偏性好アルカリ性細菌が分離される．このような環境は，全体的にはアルカリ性環境とはいえないが，偏性好アルカリ性細菌がこのような環境の中からより生息しやすいアルカリ性環境を見つけて生き残れることを示唆している．同様に，好アルカリ性 *Bacillus* 属と好アルカリ性 *Paenibacillus* 属細菌が，アルカリ環境であるシロアリ後腸から分離されている．それらの好アルカリ性細菌は，アルカリ環境であるシロアリ後腸に到達するまでの途中の経路において低 pH 環境にさらされていたと推定されるが，生育にアルカリ pH を要求する（**図 4.2**）[5]．

実は，私たちの身の回りの土壌にも好アルカリ性微生物が棲んでいる．数は，ソーダ湖やアルカリ土壌に及ばないが簡単に分離することができる．世界最深部 11 000 m のマリアナ海溝チャレンジャー海淵の土壌からも好アルカリ性細菌が分離されている．さまざまな pH の土壌 1 g から分離された好アルカリ性細菌数と土壌 pH の関係を**図 4.3**に示す．土壌 pH と分離される好アルカリ性細菌数を調べてみると，全体的にアルカリ性土壌に多く見出される傾向がある．なお，発見される細菌数は，通常の細菌数の 1/10〜1/100 である．しかし，土壌 pH が 4 よりも酸性側の土壌からは好アルカリ性細菌は分離されな

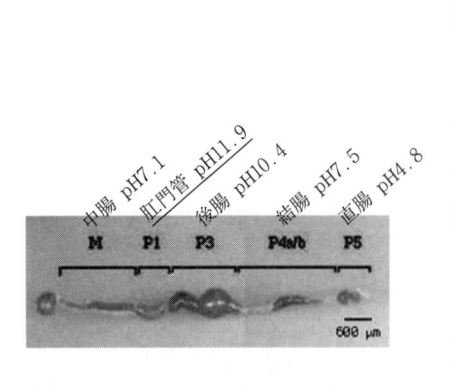

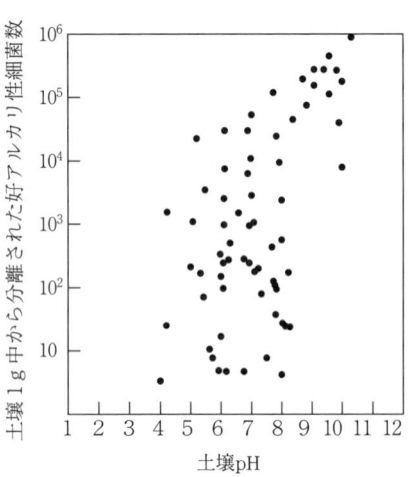

図 4.2 シロアリの腸の構造と各部の pH[5]　**図 4.3** 土壌 pH とその土壌に生息する好アルカリ性微生物数の関係[8]

かった。なぜ，身近な土壌にも好アルカリ性微生物が生息しているのかというと，彼らは，胞子という休眠状態の細胞になり，さまざまな場所へ飛散することができ，また，休眠細胞から醒めた後は，自分の周りの土壌だけアルカリ性にする能力をもっていて，それによって快適に暮らしているからである，と考えられている。

4.4.3　人工起源のアルカリ性環境

日本伝統の藍染めや製紙パルプの漂白には水酸化ナトリウムが，セメント製造においては，水酸化カルシウムが利用されている。その他，採掘活動や食品加工においてもアルカリ性環境が存在する。近年，高 pH で機能する**バイオアクター**（bioreactor）やバイオレメディエーションのプロセスから新規な好アルカリ性細菌が分離されている。そして，**アルカリ浸出**（alkali leaching，炭酸塩鉱物やホウ酸塩鉱物をアルカリ性溶液に浸して中に含まれる金属を溶かし出すこと）の過程で好アルカリ性細菌が集積培養されている。表 4.1 以外の細菌としてアルカリ性条件で，Fe(III)，Co(III)，Cr(VI) を還元できる嫌気性好

アルカリ性細菌 Alkaliphilus metalliredigens QYMF がカリフォルニアのアルカリ性ホウ酸浸出水調整池から分離されている。この他にも産業廃棄物の投棄から鉱滓（スラグ：金属の製錬のときに，原料鉱石中から分離され，炉中の溶融金属の上に浮かぶカス）で満たされたために pH12 よりも高いアルカリ性環境になってしまった南東シカゴのカルメット湖地域の湿地の堆積物や地下水から，さまざまな好アルカリ性の Bacillus 属細菌や Clostridium 属細菌が分離されている。

4.4.4 最も高い pH で生育する微生物

現在のところ，世界で最も高い pH で生育する微生物の報告は，2008 年に高井らによる南アフリカ・トランスバールにある金鉱の地下 3200 m の地下水から分離されたアルカリフィルス・トランスヴァーレンシス（Alkaliphilus transvaalensis）である。この菌は，グラム陽性・嫌気性の細菌で，pH12.5 という強いアルカリ環境でも増殖できる。属名の Alkaliphilus はこの性質に由来している（Alkali-：アルカリ性，-philus：好む）。

4.4.5 多 様 性

現在までに分離された好アルカリ性微生物の種類は非常に多く，細菌以外にファージ，放線菌，カビ，酵母などが分離されている。つまり，中性環境で見つかっている微生物と同じ種類のものが存在していることになる。また，ソーダ湖から分離される好アルカリ性微生物は，驚くべき多様性に富んでいる。そこからは，シアノバクテリア，好塩好アルカリ性微生物，セレニウムやヒ素，あるいは他の金属を還元することができる呼吸鎖をもつ嫌気性と好気性の Bacillus 属細菌，多様な Clostridium 属細菌，紅色細菌，窒素固定細菌，完全な硫黄サイクルをもつ無数の化学合成細菌，硝化細菌，メタン資化性菌，チオシアン酸塩を酸化する菌，水素産生好塩性嫌気性菌が分離されている。アメリカのカリフォルニア州にあるモノ湖からは強磁性物質である磁鉄鉱（マグネタイト，Fe_3O_4）の結晶からなるマグネトソームをもつ好アルカリ性の嫌気性

硫酸還元細菌も分離されている。

4.5　好アルカリ性 Bacillus 属細菌のアルカリ適応機構

4.5.1　好アルカリ性細菌のゲノムから明らかになったタンパク質の等電点の特徴

ここでは，好アルカリ性微生物の中でも生理学的研究が最も進んでいる好アルカリ性 Bacillus 属細菌で明らかになったことを中心に述べる。

図 4.4 は，ゲノム解読が終了している好アルカリ性 Bacillus 属細菌と好中性 Bacillus 属細菌の全タンパク質の等電点（pI）を計算し，それぞれのタンパク質の局在（細胞質，細胞膜，細胞壁，菌体外）に応じて比較したものである[6]。この結果からわかるように，好アルカリ性 Bacillus 属細菌の細胞壁や菌体外タンパク質は，酸性アミノ酸の含量が多く平均 pI が低い傾向がある。特

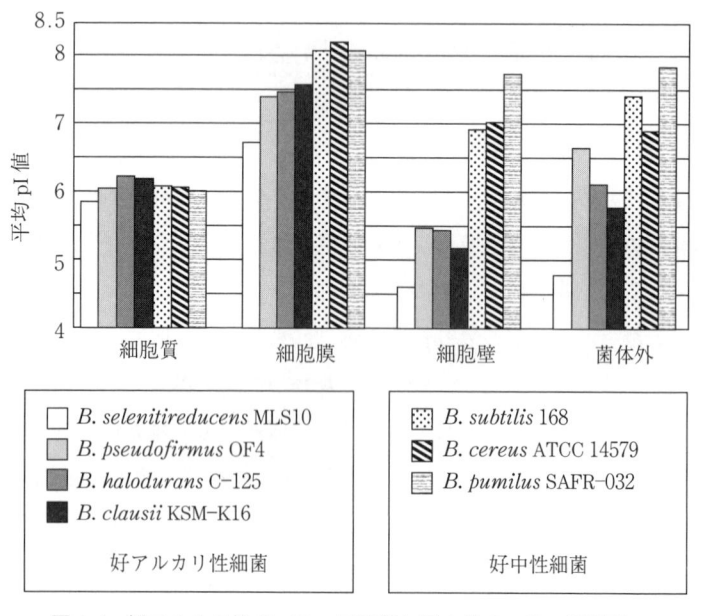

図 4.4　好アルカリ性 Bacillus 属細菌と好中性 Bacillus 属細菌の全タンパク質の等電点（pI）比較

に B. selenitireducens MLS10 株は，その傾向が顕著である。好アルカリ性細菌にとって低 pI のタンパク質を細胞表層にもつことは，Na^+ や H^+ を細胞表層近傍で引き付けるのに役立っている可能性が示唆されている。

4.5.2 好アルカリ性細菌の細胞内溶質の緩衝能

一般に好アルカリ性細菌のアルカリ環境適応機構としては，細胞質内や細胞膜表層の緩衝能力では，不十分であると考えられている。それは，脱共役剤処理をすると細胞内 pH が速やかに細胞外 pH と同じになることからもわかる。

4.5.3 細 胞 表 層

好アルカリ性 Bacillus 属細菌の細胞壁のペプチドグリカン構造は，一般的な Bacillus 属細菌のものと同じ構造である。好アルカリ性細菌 Bacillus halodurans C-125 株（以下，C-125 株）から外環境と直接に接している細胞壁を除去し，等張液[†1]に懸濁したプロトプラスト[†2]の状態では，pH10 といった本来は C-125 株の最適生育 pH 付近で，プロトプラストが細胞膜からの膜タンパク質の抽出が起こり，急速に破裂してしまった。すなわち，細胞壁が"好アルカリ性"に重要な役割を果たしていることが明らかとなった。

好アルカリ性 Bacillus 属細菌の細胞壁表層の特徴は，高アルカリ性環境に適応するために二次的な細胞壁ポリマー（SCWPs）をもっていることである。研究が進んでいる好アルカリ性細菌 Bacillus pseudofirmus OF4 株（以下，OF4 株）と C-125 株では，SCWPs の成分が異なるが，いずれもアルカリ性環境に適応するために重要な役割を果たしている。OF4 株の SCWPs は，表層タンパク質（S 層タンパク質）と細胞壁結合型の γ-ポリグルタミン酸ポリマーを含んでいるが，表層タンパク質の酸性アミノ酸含量が非常に高いという特徴がある。OF4 株の S 層タンパク質をコードしている slpA 遺伝子欠損株は，pH7.5 での増殖率が野生株よりも速くなり，pH11 での生育には，培地に適合

[†1] 細胞の浸透圧と等しい浸透圧を示す溶液のこと。
[†2] 細菌や植物細胞から細胞壁を取り除いた細胞のこと。

するための適応期が長くなるという性質を示す。このことは，表層タンパク質は，中性環境での菌の増殖に負担になるが，アルカリ性環境では急激なアルカリ環境への適応に重要な役割を果たしていることを示唆している。一方，C-125株のSCWPsは，テイクロン酸（TUA）とテイクロノペプチド（TUP）といった酸性高分子をもつ（図4.5（a））。特にいずれのポリマーも菌を中性環境で生育させた場合よりもアルカリ性環境で生育させた場合のほうが細胞壁中の含量が2〜4倍上昇することが知られている。これら酸性高分子が一部欠損した変異株が取得されており，酸性高分子欠損株の欠損の割合が高くなるほど高アルカリ性環境での生育が悪くなることが示されている（図4.5）。特にテイクロノペプチドの欠損が，菌のアルカリ性環境での適応に寄与しているようである。アルカリ性環境においてC-125株が細胞壁中に多量の陰荷電をもつことは，ドナン効果†の面からも細胞壁外側のpHよりも内側のpHをpHユニットで1〜1.5程度低く下げる効果があることが試算されている[7]。

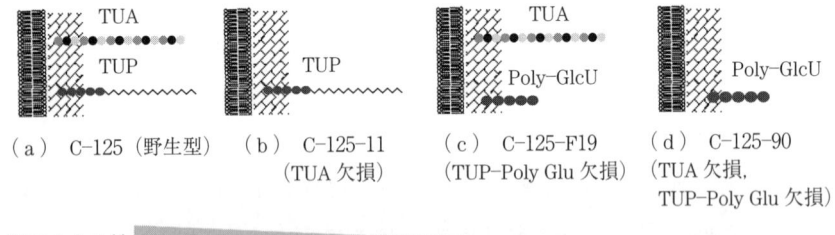

(a) C-125（野生型）

(b) C-125-11
（TUA 欠損）

(c) C-125-F19
（TUP-Poly Glu 欠損）

(d) C-125-90
（TUA 欠損，TUP-Poly Glu 欠損）

好アルカリ性（生育） 良好 ←――――――――――→ 悪化

TUA：テイクロン酸
TUP：テイクロノペプチド（約25個のグルクロン酸ポリマーと約100個のグルタミン酸ポリマーからなる）
TUP-Poly-Glu：テイクロノペプチドのポリグルタミン酸
TUP-Poly-GlcU：テイクロノペプチドのポリグルクロン酸

図 4.5 C-125株野生型と細胞壁酸性高分子欠損株の細胞壁酸性高分子のモデル図と好アルカリ性の関係

---

† 不透過性のイオン（今回の場合，酸性高分子など）が膜の片側に存在する場合に，透過性のイオンも不透過性のイオンの影響を受けて膜の両側に不均衡に分布される現象。

4.5.4 細　胞　膜

　好アルカリ性細菌の細胞膜は，細胞外へのプロトンリーク（H^+の漏出し）に対して耐性をもたなければならないと考えられているが，細胞膜のプロトン透過性に関する実際の直接的な証拠はまだ乏しい。しかし，多くの好アルカリ性細菌のゲノム解読が進んだことと遺伝子工学的アプローチができる菌が増えたことにより，好アルカリ性細菌の細胞膜の役割を解明する研究はたいへん興味深いものとなってきている。Clejanらは，偏性と通性の好アルカリ性 *Bacillus* 属細菌，それと好中性 *Bacillus* 属細菌である枯草菌の細胞膜成分を比較した。その結果，すべての好アルカリ性細菌の細胞膜で，枯草菌細胞膜に比べて高度にアニオン性リン脂質（特にカルジオリピン（ジホスファチジルグリセロールともいう）の含量が多く，いずれもかなりの量のスクアレン（**図 4.6**）を保持していた。この他に，通性好アルカリ性 *Bacillus* 細菌において，中性環境で培養するよりもアルカリ性環境で培養したほうが細胞膜中の不飽和脂肪酸や分岐脂肪酸の組成が異なってアニオン性リン脂質量が顕著に増大する。このようなマイナス荷電を帯びた脂質は，先述した細胞壁の酸性化合物と同様に細胞表層近傍での Na^+ や H^+ などの保持に関与し，効率的なエネルギー共役に加担していると考えられている。

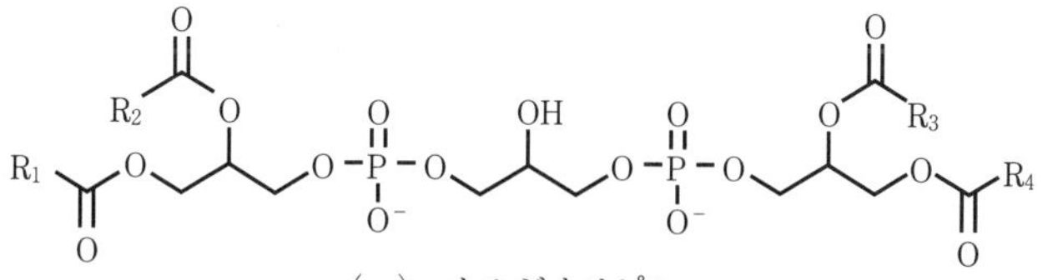

（a）カルジオリピン

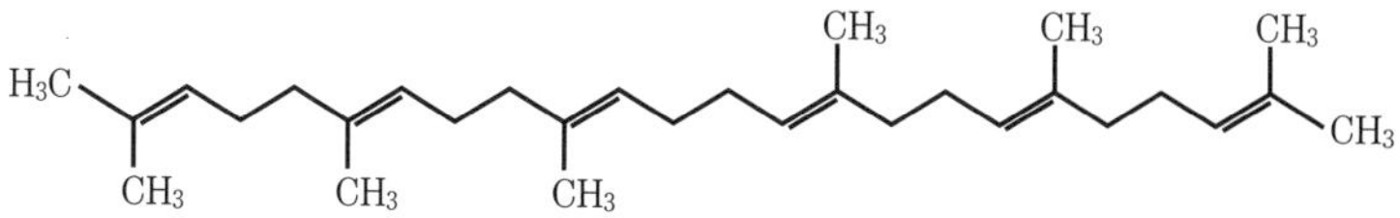

（b）スクアレン

図 4.6 カルジオリピン（ジホスファチジルグリセロール）とスクアレンの構造

4.5.5 好アルカリ性細菌の生体エネルギー論

好アルカリ性細菌は高アルカリ性環境下においても，その細胞質を中性から弱アルカリ性に維持している。OF4株の場合，外環境pHが10.5の場合，細胞内pHは8.3程度に維持されている（図4.7）。このように細胞内pHを外環境pHよりもpHユニットで2程度低く保つことは，細胞内のホメオスタシス（恒常性）に重要であると考えられている。また，一般に好アルカリ性細菌は，べん毛の回転や栄養の取込みにナトリウム（Na^+）駆動力（細胞内外のNa^+濃度差と膜電位差による電気化学的ポテンシャル差）を利用する。高アルカリ性環境下では細胞内がより酸性化されてプロトン（H^+）駆動力形成に不利なために代替エネルギーとしてNa^+駆動力に依存していると考えられている（6.5節 参照）。そのため，高アルカリ性環境における細胞内酸性化やナトリウム駆動力の維持は，アルカリ適応の重要な機構の一つであるといえる。そこで，つぎに高アルカリ性環境における細胞内ホメオスタシスの主要な役割を担うNa^+/H^+アンチポーターについて紹介する。また，高アルカリ環境での酸化的リン酸化によるATP合成についても紹介する。

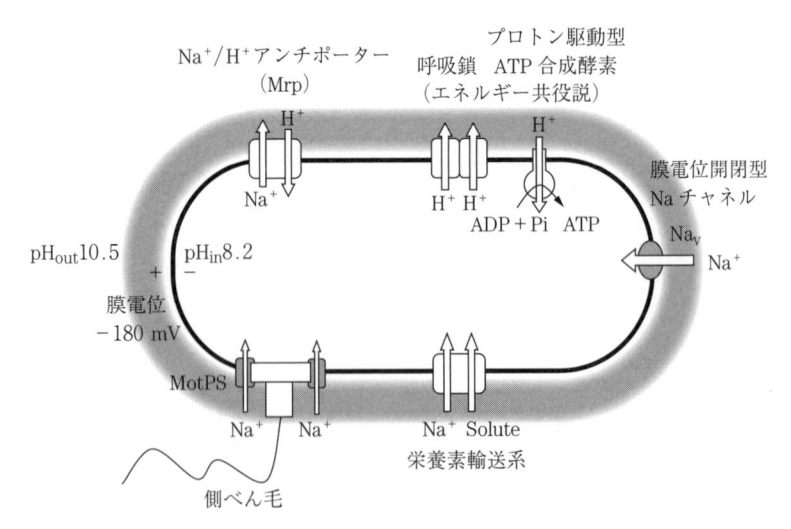

図4.7 好アルカリ性細菌 *Bacillus pseudofirmus* OF4株のエネルギー共役

〔1〕 **アルカリ環境適応における Na^+/H^+ アンチポーターの役割**　好アルカリ性細菌が発見されて以来，好アルカリ性細菌の生理学的疑問として，"どうやって細胞内 pH を細胞外 pH よりも低く維持しているのか？"という疑問があった。その答えとしては，細胞膜に存在する **Na^+/H^+ アンチポーター**という酵素の働きがとても重要な役割を果たしていると考えられている。好アルカリ性細菌において，細胞内の中性化に Na^+/H^+ アンチポーターが重要である根拠は，① 好アルカリ性細菌を Na^+ を含まない pH10.5 の培地に懸濁すると細胞内 pH は，急激に上昇し，細胞外 pH と同じになる。それに対して，Na^+ を含む pH10.5 の培地に懸濁すると細胞内 pH は，8.5 付近に維持される（**表4.2**）。② pH9 以上で生育できなくなった好アルカリ性細菌の Na^+/H^+ アンチポーター活性を調べてみると，活性を失っていることが明らかとなった，ということが挙げられる。

表4.2　細胞外 pH をアルカリ側にシフトしたときの Na^+，K^+ と pH ホメオスタシスの関係

細菌名	細胞外 pH をシフトして 10 分後の細胞内 pH				
	pH7.5 → 8.5			pH8.5 → 10.5	
	CholineCl	NaCl	KCl	Na_2CO_3	K_2CO_3
好アルカリ性細菌 *Bacillus pseudofirmus* OF4	8.5±0.1	7.5±0.1	8.4±0.1	8.4±0.1	10.5±0.1
好中性細菌 *Bacillus subtilis* BD99 （枯草菌）	8.5±0.2	7.5±0.1	7.6±0.1	10.5±0.1	10.5±0.1

Na^+/H^+ アンチポーターの交換輸送はプロトン駆動力に共役しており，大腸菌の Na^+/H^+ アンチポーター NhaA では $1Na^+/2H^+$ の交換比率で輸送が行われている。このように，より多くの H^+ を輸送することで，高アルカリ性環境下においても膜電位依存的に Na^+ を能動輸送することができると考えられている。

〔2〕 **好アルカリ性 *Bacillus* 属細菌における酸化的リン酸化の特徴**　細胞内で消費される大半の ATP の合成は，呼吸鎖により形成されるプロトン駆動力を利用して ATP 合成酵素が行う。通常，このような細胞膜上で行われる

4. 好アルカリ性微生物

一連の酸化的リン酸化は，プロトン駆動力に共役して行われるが，嫌気性好アルカリ性細菌のように Na^+ 駆動力を利用して ATP 合成を行う例も発見されている。一方で，OF4 株や C-125 株のような好気性好アルカリ性 *Bacillus* 属細菌は，べん毛の回転や栄養の取込みに Na^+ 駆動力を利用しているが，酸化的リン酸化による ATP 合成にはプロトン駆動力を利用している。高アルカリ性環境は，プロトン駆動力を利用しづらいので好アルカリ性 *Bacillus* 属細菌はこのような環境において効率よく ATP 合成を行う機構を兼ね備えていると考えられている。

中性 pH よりもアルカリ性 pH で生育させた好アルカリ性 *Bacillus* 属細菌の細胞質膜には電子伝達系の成分であるシトクロムが通常の数倍存在する。また，pH10.5 で培養した OF4 株では，caa_3 型のシトクロム酸化酵素が F_oF_1-ATP 合成酵素よりも 4 倍量も過剰に発現している。反対に pH7.5 で培養した OF4 株では，1.6 倍しか発現量に差がない。このことから，電子伝達によって

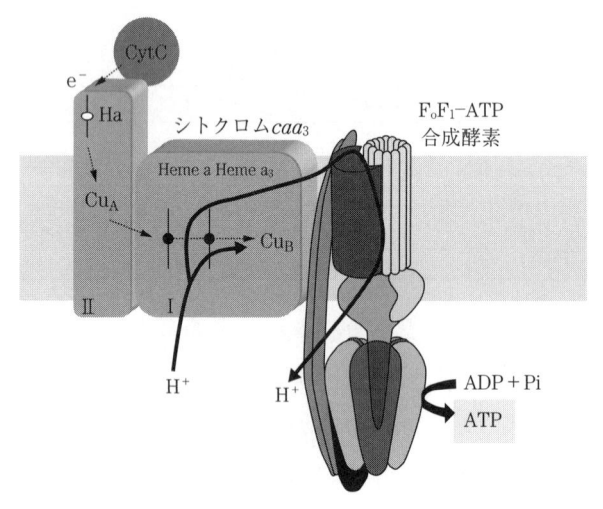

シトクロム caa_3 のプロトンポンプの本体であるサブユニット I と ATP 合成酵素の a サブユニットがタンパク質間相互作用することで，排出されたプロトンが直接 ATP 合成酵素に入り，効率的に ATP 合成が行われるという仮説

図 4.8 エネルギー共役説のモデル図

排出される H$^+$ は,細胞外液と平衡にならず,細胞膜内で直接 F$_o$F$_1$-ATP 合成酵素に渡して利用されれば ATP 合成は可能と考えられている。Krulwich により,この細胞膜内を介した局所的 H$^+$ の循環によるエネルギー共役説（**図 4.8**）が提唱されているが,いまだに証明はされていない。ミトコンドリア呼吸鎖では,呼吸鎖複合体や F$_o$F$_1$-ATP 合成酵素が超複合体を形成して効率的なプロトン駆動力の利用を図っていることが示唆されている。好アルカリ性細菌においても小さなプロトン駆動力しか得られない高アルカリ性環境でエネルギー共役に関わる膜タンパク質間の距離を近接させることで,呼吸鎖から排出されたプロトンが外環境の水酸化物イオンとの中和に利用されるのではなく,直接的に ATP 合成酵素にプロトンを受け渡すことによって,より効率的に ATP 合成を行っている可能性が示唆される。今後,この問題の解明が待たれる。

4.6 好アルカリ性微生物の産業応用

好アルカリ性微生物を利用したバイオテクノロジー分野への応用研究は,好アルカリ性微生物の全ゲノム解析数の増加やメタゲノム解析[†]中での好アルカリ性微生物由来の増加,さらには,研究が進んだ好アルカリ性微生物の増加により増え続けている。好アルカリ性微生物の応用分野としては,① アルカリ酵素の利用,② バイオレメディエーションなどの生物プロセス,③ 好アルカリ性細菌由来の生産物の利用,が挙げられる。

4.6.1 アルカリセルラーゼ

私たちの生活の中にも好アルカリ性微生物は浸透している。その代表例が,家庭用洗濯洗剤に使われているアルカリセルラーゼである。洗濯洗剤は,水に溶かすと弱アルカリ性となる。1987 年に大手洗剤メーカーが世界で初めてア

[†] 環境サンプルから直接回収されたゲノム DNA を解析することにより,従来の方法では困難であった難培養菌のゲノム情報の取得を期待できる他,菌叢(きんそう)の遺伝子組成や機能の解明を期待できる新しい手法。

ルカリセルラーゼ入り洗剤を販売して，同時に洗剤のコンパクト化にも成功し，爆発的な売行きを記録した．水に溶けにくい油汚れなどを落とすのには，洗剤が必要となる．汚れは，洗剤によって包み込まれ，水中に取り出されて繊維から取り除かれる．しかし，衣類の奥に閉じ込められた汚れに対しては，アルカリセルラーゼの助けが非常に役立つ．アルカリセルラーゼを洗濯用洗剤に添加すると，衣類などに含まれる繊維をほぐして（やわらかくして），汚れを解放してくれる（**図 4.9**）．現在では，アルカリセルラーゼ以外にプロテアーゼ（タンパク質分解），アミラーゼ（食べ物に含まれるでんぷんの分解），リパーゼ（油汚れの分解），マンナナーゼ（糖類汚れの分解）などが，家庭用洗剤に利用されている．

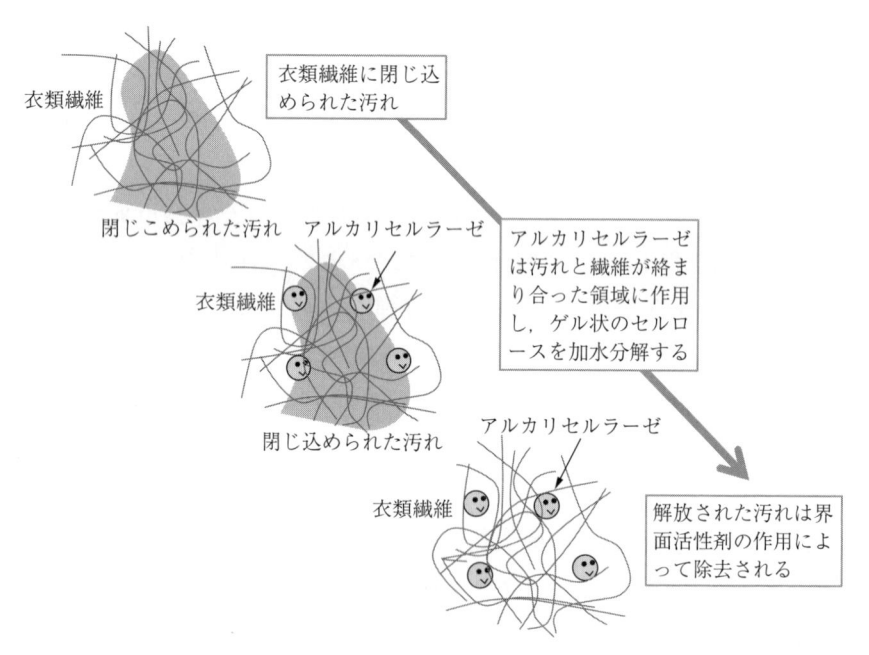

図 4.9 アルカリセルラーゼ入り洗剤の作用機構

4.6.2 アルカリアミラーゼ

サイクロデキストリン（cyclodextrin）は，数分子の D-グルコースが

4.6 好アルカリ性微生物の産業応用

α(1 → 4) グルコシド結合によって結合し環状構造をとった環状オリゴ糖の一種で，グルコースが5個以上結合したものが知られている。一般的なものはグルコースが6個，7個，8個と結合して環状構造をとったものが知られており，それぞれ **α-サイクロデキストリン**，**β-サイクロデキストリン**，**γ-サイクロデキストリン**と呼ばれている（**図4.10**）。サイクロデキストリンは，医薬，化粧品，食物調味料，さらには，マスクなどさまざまな分野へ利用されているが，これも好アルカリ性細菌が生産するアルカリアミラーゼの一種である**サイクロマルトデキストリン・グルカノトランスフェラーゼ（CGTase）**による安価なデンプンから，サイクロデキストリンの大量生産が可能になったことによる。

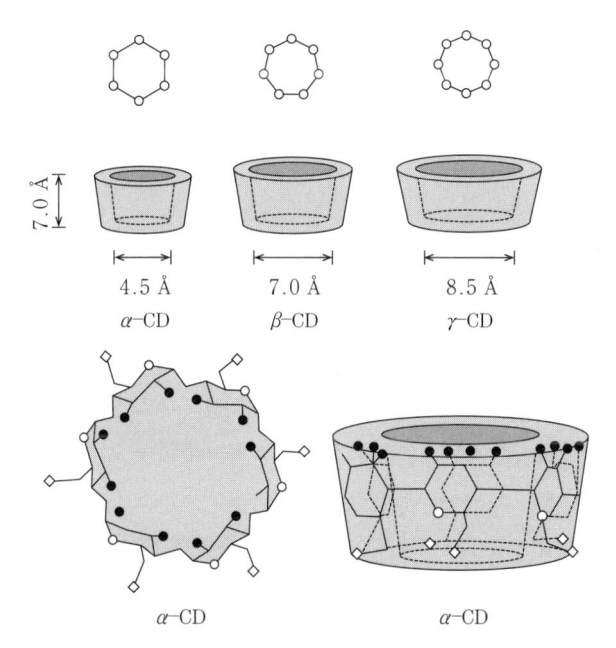

○はグルコース単位を示す。グルコースが α 結合し6個（α-CD），7個（β-CD），8個（γ-CD）で環状化している。円筒表面には親水基（◇），空洞内に疎水基（●）が並んでいる

図4.10 サイクロデキストリンの模式図[9)]

4.6.3 アルカリキシラナーゼ

キシラナーゼ（**xylanase**）は，キシランをキシロースに分解する酵素であり，植物の細胞壁の主要成分の一つであるヘミセルロースを分解する。一般にキシランなどの多糖類はアルカリ性や高温の条件において水に溶けやすくなることから，産業応用を考えた場合，アルカリ性かつ高温条件下で高活性を示すキシラナーゼが有利であるといわれている。

長年，製紙工場での紙の原料であるパルプの漂白処理においては，木材を強アルカリ性条件下で煮沸することで，着色原因物質であるリグニンを除去し，つぎに，塩素漂白を行うが，その際，塩素化合物やダイオキシン類などの有害な塩素化合物の発生が問題となっていた。そこで，現在の製紙工場では，漂白前のパルプにアルカリキシラナーゼを作用させ，リグニン周囲のキシランを加水分解することで，リグニンの洗出し効果を高め，結果として塩素の使用量を低減させている。

4.6.4 その他の産業応用例

多くの好アルカリ性微生物が生産するカロテノイドや鉄吸収に利用されるシデロフォアなどが有望な生産物として期待され，バイオテクノロジーによる応用が検討されている。この他にもさまざまな生物プロセスでの好アルカリ性微生物の利用が報告されている。インディゴブルー染料の製造における好アルカリ性細菌の利用や，北海道の魚の卵を処理するプラントの排水管プールから分離された炭化水素で生育する好冷好アルカリ性細菌 *Dietzia psychralcaliphila* を利用した，寒冷気候での油で汚染された土壌または汚染水のバイオレメディエーションへの利用などが提案されている。混合培地中での好塩好アルカリ性の硫黄酸化細菌は，石油産業廃水の中で無機硫黄化合物の処理に利用できるのではないかと提案されている。Thiopaq リアクター（天然ガスからのバイオ脱硫）には，硫黄酸化の好塩好アルカリ性の *Thioalkalivibrio* 属細菌が利用されている。また，その後，*Thioalkalivibrio* 属細菌を利用したプラントで硫黄を硫酸塩に 90% 以上変換し，含まれているベンゼンを取り除く他の好塩好アル

カリ性細菌群が見つかっている。このことから，好塩好アルカリ性細菌群には，アルカリ性土壌における環境汚染の問題を軽減させることができる可能性を示唆している。

引用・参考文献

1) K. Horikoshi：Introduction and History of Alkaliphiles, In "Extremophiles Handbook," Springer, pp.20-26（2011）
2) T.A. Krulwich, J. Liu, M. Morino, M. Fujisawa, M. Ito and D. Hicks：Adaptive mechanisms of extreme alkaliphiles. In "Extremophiles Handbook," Springer, pp.120-139（2011）
3) I. Yumoto：Environmental and taxonomic biodiversities of Gram-positive alkaliphiles. In "Physiology and biochemistry of extremophiles," pp.295-310, ASM Press（2007）
4) W.D. Grant and D.Y. Sorokin：Distribution and Diversity of Soda Lake Alkaliphiles, In "Extremophiles Handbook", Springer, pp.27-54（2011）
5) T. Thongaram et al.：Gut of higher termites as a niche for alkaliphiles as shown by culture based and culture-independent studies, Microbes Environ., **18**, pp.152-159（2003）
6) B. Janto et al.：Genome of alkaliphilic *Bacillus pseudofirmus* OF4 reveals adaptations that support the ability to grow in an external pH range from 7.5 to 11.4, Environmental Microbiology, **13**(12), pp.3289-3309（2011）
7) K. Tsujii：Donnan equilibria in microbial cell walls: a pH-homeostatic mechanism in alkaliphiles, Colloids and Surfaces B: Biointerfaces, **24**(3-4), pp.247-251（2002）
8) 堀越弘毅・秋葉晄彦 編：好アルカリ微生物，学会出版センター（1993）
9) 野本　正：酵素工学, p.103, 学会出版センター（1993）

5 好酸性微生物

5.1 はじめに

　海底熱水噴出孔や硫化した金属鉱石を含む鉱山などの自然環境や人工的な酸性環境では，pH3未満を最適生育pHとする好酸性細菌が生息している。好酸性微生物は，多様な分布を示す極限環境微生物の一種であり，その中のいくつかはpH0の強酸性環境でも生育が可能である。また，好酸性微生物は，鉄と硫黄の循環を含む多数の生物が関与する地球における化学物質の循環経路（biogeochemical cycle）に貢献している重要な微生物である。
　この章では，好酸性微生物の定義，分類，生理学そして産業応用について解説する。

5.2　好酸性微生物の定義

　一般に好酸性微生物は，真核生物と原核生物のどちらからも分離される。Johnsonによれば，pH3未満に生育至適pHを示すものを**高度好酸性微生物**（extreme acidophiles）とし，pH3～5に生育至適pHをもつものを**中度好酸性微生物**（moderate acidophiles）と分類している[1]。

5.3 生態学と多様性

5.3.1 分　　布

好酸性生物は，細菌，古細菌，真核生物の三つの生物ドメインに分布しており，特に細菌および古細菌の生物ドメインに最も広く分布している[2]（表5.1）。

表5.1　いくつかの好酸性微生物の代謝，最適生育pH，細胞内pH，ゲノムサイズ[2]

微 生 物 名	代謝系*	生育最適pH	細胞内pH	ゲノムサイズ〔Mbp〕
好酸性古細菌				
Thermoplasma acidophilum	H	1.4	6.4	1.56
Thermoplasma volcanium	H	1.58	不明	1.58
Ferroplasma acidarmanus	IO/H	1.2	5.6	1.97
Ferroplasma acidiphilum	IO/A	1.3	不明	不明
Picrophilus torridus	H	1.1	4.6	1.55
Picrophilus oshimae	H	1.1	~4.6	不明
Sulfolobus acidocaldarius	H	1.8	6.5	2.23
Sulfolobus solfataricus	H	2.5	~6.5	2.99
Sulfolobus metallicus	IO/SO/A	3	不明	不明
Sulfolobus tokodaii	SO/H	2.5	不明	2.69
Acidianus brierleyi	IO/SO/A/H	1.5	不明	1.8
好酸性細菌				
Acidithiobacillus ferrooxidans	IO/SO/A	1.8	6.5	2.9
Acidithiobacillus ferrooxidans ATCC 23270	IO/SO/A	1.8	6.5	2.98
Acidithiobacillus caldus	SO/A	2.5	不明	2.93
Acidithiobacillus thiooxidans	SO/A	2.5	~7	3.02
Acidiphilium acidophilum	SO/A/H	1.8	6	不明
Acidiphilium multivorum	H	3	不明	4.21
Acidiphilium cryptum	H	3	不明	3.9
Acidocella faecalis	H	2.3	不明	不明

＊　A：独立栄養，H：従属栄養，IO：鉄酸化，SO：硫黄酸化

5.3.2 真核生物における多様性[1]

強酸性pH環境に生息する多くの真核微生物が耐酸性というよりも好酸性を示す。被子植物であるイグサの一種 *Juncus bulbosus* は，ドイツ東部の石炭採掘で強酸性の湖（pH3）で生育していることが知られている（**図5.1**）[3]。

図5.1 強酸性の湖（Lake Senftenberg，ドイツ）。湖中にはイグサの一種 *Juncus bulbosus* が生息する（Wikipedia）

好酸性/酸耐性真核生物では，いくつかの酵母や菌類が知られている。例えば，栄養胞子形成菌 *Acontium velatum* は，14 mM の銅耐性を示し，pH0.2～0.7で生育する。菌類の *Scytalidium acidophilum* は，140 mM の銅耐性をもち，pH0でも生育し，最適pHは，1～2である。

酸性鉱山廃水（酸と放棄鉱山や鉱山の廃棄物から生じる金属を多量に含む排水）からも原生動物（鞭毛虫，繊毛虫，そしてアメーバ）が発見される（**図5.2**）[4]。

強酸性環境に生息する微細藻類（単細胞緑藻のクラミドモナス，ユーグレナ，単細胞紅藻など）は強酸性環境における正味の一次生産者であるといえる。多細胞生物の報告例としては，ワムシ（例えば，*Cephalodella boodi*）があるだけである。

図 5.2 スペイン南部，リオ・ティント鉱山近郊の川
(NASA Ames Research Center)

5.3.3 原核生物における多様性[1]

　古細菌では，**クレンアーキオータ門**（phylum *Crenarchaeota*）と**ユーリアーキオータ門**（phylum *Euryarchaeota*）のどちらにも好酸性古細菌が報告されている。細菌においても**アクチノバクテリア門**（phylum *Actinobacteria*），**ファーミキューテス門**（phylum *Firmicutes*），**プロテオバクテリア門**（phylum *Proteobacteria*），**ニトロスピラ門**（phylum *Nitrospirae*），および**アクウィフェクス門**（phylum *Aquificae*）で報告されている。好酸性原核生物を至適温度で中温菌（至適温度20～40℃），中等度好熱菌（40～60℃），または高度好熱菌（60℃以上）として分類すると，中温性好酸性菌は主にグラム陰性菌，中等度好熱性好酸性菌は主にグラム陽性細菌，高度好熱性好酸性菌は主に古細菌と分かれる傾向がある。しかし，最近の研究によって，この分類に多くの例外が報告されつつある。例えば，中温性好酸性古細菌（フェロプラズマ属）や65℃でも生育する好熱性好酸性グラム陰性菌（アシドカルダス属）が報告されている。

5.3.4 原核生物の中で最も酸性環境で生育する生物サーモプラズマ目

この目には，ユーリアーキオータ門の**サーモプラズマ属古細菌**（*Thermoplasma*），**ピクロフィラス属古細菌**（*Picrophilus*）および**フェロプラズマ属古細菌**（*Ferroplasma*）などが属する。特に1995年に北海道の噴気孔で発見された***Picrophilus oshimae*** は，最適pHは0.7で，pH−0.06（1.2Mの硫酸溶液下に相当）でも増殖可能である。また，この菌は，pH4以上では細胞が溶菌してしまう特徴をもち，近縁の古細菌 *Thermoplasma acidophilum*（限界生育pH0.5）や真核藻類のイデユコゴメ（pH0.24，**図5.3**）などを上回り，現在，知られている好酸性微生物の中で最も好酸性の強い生物である。

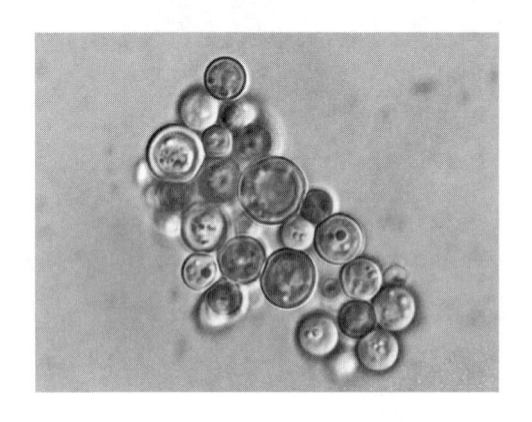

図5.3 イデユコゴメ（Wikipedia）

ピクロフィラス属古細菌は，高度好酸性菌で，サーモプラズマ属の古細菌と分類学的に似ているが，サーモプラズマ属やフェロプラズマ属は，細胞壁がないのに対し，ピクロフィラス属は，細胞壁をもち，GC含量が低い点が異なる。

5.4 好酸性細菌の酸性適応機構

5.4.1 好酸性細菌の生体エネルギー論

代表的な好中性細菌である大腸菌では，細胞外pH6〜6.5の好気的条件下で増殖させると，電子伝達系により膜電位が形成され，細胞内pHを7.7〜8.2

5.4 好酸性細菌の酸性適応機構

に維持している。このときのプロトン（H^+）駆動力（6.5節 参照）は，-193 mVとなり，F_oF_1-ATP合成酵素でATPを合成するのに十分なエネルギーを得ることができる（図5.4，表5.2）。一方，pH2〜3で最もよく増殖する好酸性細菌においても電子伝達系によってプロトン駆動力は形成され，細胞内pHは，6付近に維持されている。このことから，好酸性細菌においては，プロトン駆動力の主成分が表5.3に示したように細胞内外のpH差（ΔpH：細胞内pH－細胞外pH）であることがわかる。H^+の排出によって細胞内にマイナスの膜電位が形成されるにもかかわらず，好酸性細菌の膜電位はほとんどゼロ

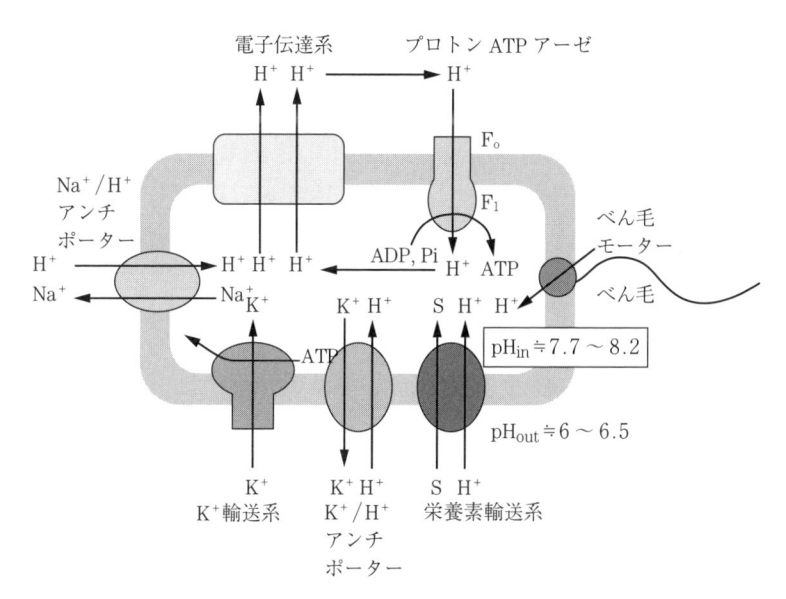

図5.4 好中性細菌のエネルギー共役[9]

表5.2 細胞外pH6〜6.5の好気的条件下での大腸菌のプロトン駆動力[9]

膜電位 ($\Delta\Psi$)	プロトン 濃度勾配 ($-Z\Delta$pH)	プロトン駆動力* (ΔP)
-94 mV	-99 mV	-193 mV

* 1モルのATPを合成するには，約-200 mVのプロトン駆動力が必要。

表5.3 最適増殖条件での好酸性細菌のプロトン駆動力

膜電位 ($\Delta\Psi$)	プロトン 濃度勾配 ($-Z\Delta$pH)	プロトン駆動力* (ΔP)
0〜$+30$ mV	-220 mV	-200 mV

* 1モルのATPを合成するには，約-200 mVのプロトン駆動力が必要。

か，あるいはわずかに細胞内がプラスと，大腸菌などの膜電位とは逆転している。大きなpH勾配をつくるために膜電位がどのように利用されるかについてはK$^+$輸送系，アニオン（陰イオン）排出系などの寄与が考えられている（図5.5）。

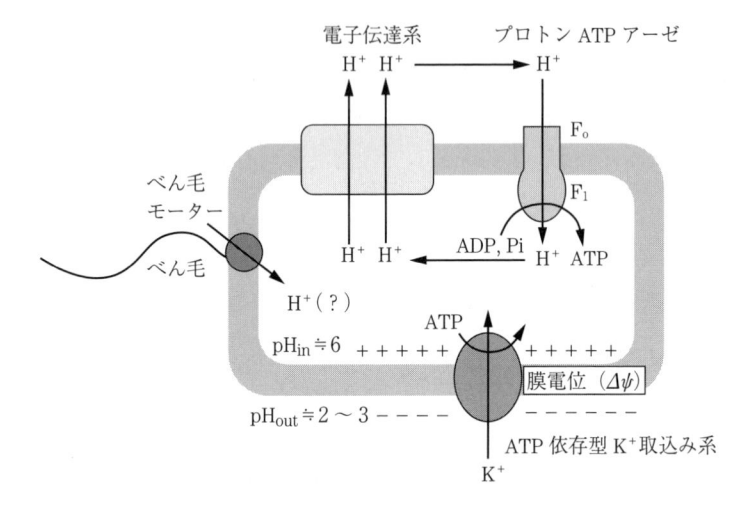

図5.5 好酸性細菌のエネルギー共役

好酸性細菌にもべん毛を使った運動を示すものが多数報告されているが，べん毛の回転運動がプロトン駆動力によるかまでは調べられていない。しかし，酸性環境は，H$^+$が利用しやすいのでプロトン駆動力を利用していると推定される。栄養素輸送に関しては，H$^+$との共輸送型であることが知られている。また，プロトン駆動力は，ATP合成に用いられる。したがって，図5.5のような，H$^+$の循環によるエネルギー共役が成立する。この場合，駆動力はΔpHによって供給される。

5.4.2 好酸性細菌におけるpHホメオスタシス

好酸性細菌は，細胞外pHが細胞内pHと比較して極端に低いという点で他の細菌と異なっている。非常に低いpHで生育するため，細胞内外のpH差

（ΔpH）は，大きな値になる。そのため，膜電位（$\Delta\Psi$）を通常の逆（細胞内がプラスに荷電）にすることにより，大きなΔpHを維持している。膜電位を通常の細菌とは逆に，細胞内をプラスにするため，ATPの加水分解エネルギーを利用したK^+の取込み機構が存在する。このK^+の取込みは，好中性菌が酸性環境に適応するときも利用される。これにより，膜電位を打ち消し，結果として細胞内pHを細胞外pHよりも高く維持している（図5.5）。

5.4.3 好酸性微生物の細胞膜はプロトンに対して高い不透過性を示す

好酸性微生物は，細胞内外に大きなpH勾配を維持するために細胞膜のプロトンに対する透過性を極端に低く（通しにくく）している（図5.5）。このプロトン不透過性の細胞膜の例は，好酸性古細菌や好熱性古細菌に見られる**テトラエーテル脂質**（tetraetherlipid）である（**図5.6**）。

テトラエーテル脂質の酸性環境でプロトンを非常に不透過にしている要因としては，以下のことが挙げられる。① 脂質二重膜構造よりも酸性環境に対し

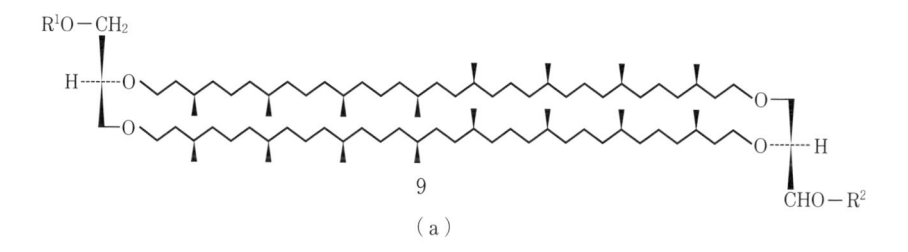

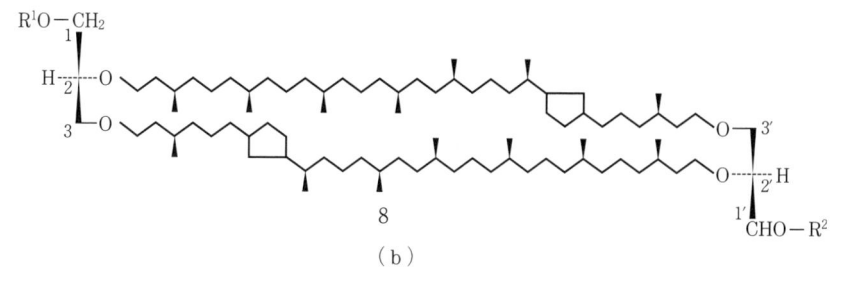

図5.6 好酸性古細菌や好熱性古細菌に見られるテトラエーテル脂質（a）と，イソプレノイド中のシクロペンタンリングをもつもの（b）

て安定な脂質単重膜構造である。② テトラエーテル脂質には，イソプレノイド中に0～4個のシクロペンタンリングをもつが，*Sulfolobus*属や*Thermoplasma acidophilum*のテトラエーテル脂質は，イソプレノイド中のシクロペンタンリングを増加させることで膜の流動性を下げることが知られている。③ 脂質のエーテル架橋は，エステル架橋の脂質よりも酸分解に対して耐性をもつ。このような細胞膜がもつ性質によってプロトンを透過しにくくしていることは，酸性環境でのpHホメオスタシスの維持にたいへん重要な役割を果たしている。

5.4.4 膜チャンネル

*Acidithiobacillus ferrooxidans*の外膜に存在するポリン（Omp40）は，外環境pHを3.5から1.5へシフトするとポリンの入口の孔の大きさを小さくし，イオン選択を調節することが知られている[5]。これは，酸性環境でのpHホメオスタシスとして重要な機構ではないかと考えられている。

5.4.5 有機酸による脱共役作用

好酸性微生物にとって酢酸や酪酸といった有機酸は，無荷電の状態で細胞膜を透過して細胞内へ流入するが，細胞内でプロトンを放出し，細胞内pHの低下を引き起こす（脱共役）ので有害となる。これに対処するため好酸性微生物は，流入してくる有機酸を速やかに代謝してpHホメオスタシスを維持する代謝系をもっている。

5.5 好酸性微生物の産業応用

5.5.1 バイオリーチング

産業面で好酸性微生物が利用されている応用例としては，鉱石から金属を抽出するための**バイオリーチング**（**生物冶金**，bioleaching）が挙げられる。歴史的には，1947年にアメリカのユタ州にある鉱山での金属抽出に好酸性の*Acid-*

ithiobacillus 属細菌が関与していることが初めて明らかとなり，その後，世界中でバイオリーチングに利用できる好酸性細菌が分離され，利用されている。一例を挙げると，現在，バイオリーチングを利用した銅生産は，世界の銅生産量の20%を占めていると見積もられており，世界のおよそ20の銅山で活用されている[6]。しかし，鉱山からの**酸性鉱山廃水**（acid mine drainage，**AMD**）や**酸性岩石廃水**（acid rock drainage，**ARD**）の流出管理がしっかりなされていないと金属を含む酸性廃水が飲料水の水源を汚染し，深刻な環境被害を引き起こすことが指摘されている。そのような汚染対策に対してもバイオリーチングは威力を発揮することが期待されている。

5.5.2 バイオリーチングの原理

硫化鉱物から銅が浸出する際，鉄が酸化剤として働く（式 (5.1)）。このとき還元された鉄（Fe^{2+}）は再び酸化され（式 (5.2)），再度，酸化剤として働く。しかし，Fe^{2+}は，中性環境下では速やかに自発的に酸化されてFe^{3+}になるが，酸性条件下ではFe^{2+}も安定な状態でいる。この酸性条件下での鉄酸化の過程に，鉄酸化細菌である*Acidithiobacillus ferrooxidans*と呼ばれる微生

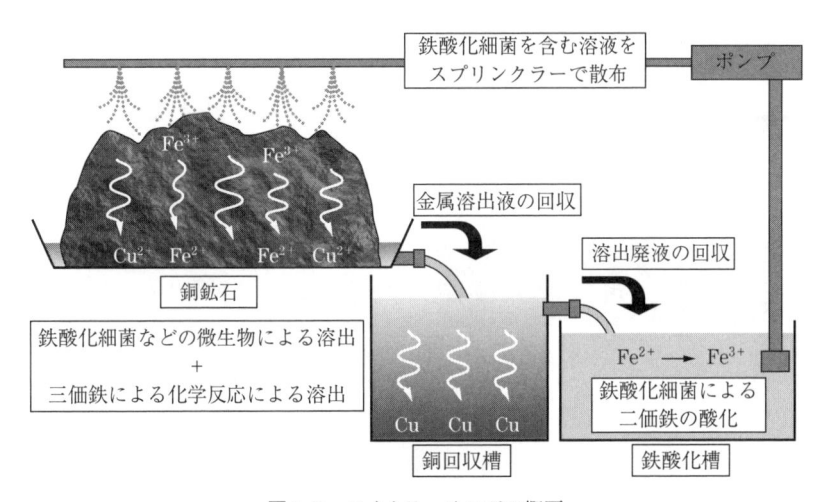

図 5.7 バイオリーチングの概要

物が関与した場合，鉄酸化反応速度は加速される。結果として，銅の溶出を促すこととなる（**図5.7**）。

$$CuS + 2Fe^{3+} \to Cu^{2+} + 2Fe^{2+} + S_0 \tag{5.1}$$

コラム

最小の極限環境真核微生物「シゾン」

「シゾン」と呼ばれる真核生物をご存じだろうか。正式な学術名は，シアニディオシゾン（*Cyanidioschyzon merolae*）という。このシゾンは，「最小の真核生物」ともいわれ，高温強酸性，そして高硫黄存在環境に生息する原始紅藻のイデユコゴメ綱（Cyanidiophyceae）に属する単細胞紅藻である。シゾンの直径はおよそ1.5〜2マイクロメートルと原核生物の大腸菌と同じ程度の大きさしかない。しかし，この真核生物は，細胞核，ミトコンドリア，葉緑体，小胞体，ゴルジ体，マイクロボディ，リソソームといった真核細胞がもつほぼすべての細胞小器官をもっている（図）。さらに驚くことはシゾンが極限環境微生物だということだ。このシゾンは，イタリアのナポリ近郊の酸性温泉から分離され，50℃という高温，強酸性（pH1〜2），100 mMという高濃度のアルミニウムイオン濃度環境下でも生育する。そして，全ゲノム配列が2004年に解明され，さらに，この単純な細胞形態（ミトコンドリアも葉緑体も，1細胞当り1セットしかもっていない）という単純さを生かしてモデル真核細胞としてこれまで解明されていなかった細胞分裂機構の研究，特にミトコンドリアや葉緑体といった細胞小器官の分裂装置や細胞分配などのメカニズムを解明するのに貢献している。また，シゾンは，細胞膜型プロトンATPaseの働きにより絶えず細胞内からH^+を細胞外へ排出することにより，酸性環境下でも細胞内pHを中性付近に保っていることが知られている。

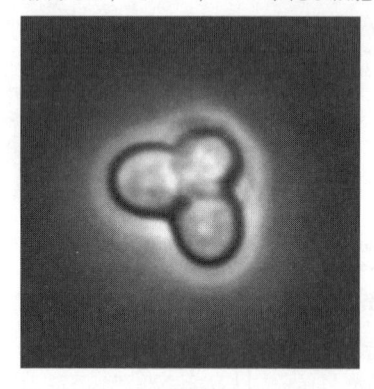

「シアニディオシゾン」を「シゾン」と呼ぶ（Wikipedia）

引用・参考文献

1) M. Matsuzaki et al.：Nature, **428**, pp.653-657（2004）

$$Fe^{2+} + \frac{1}{4} O_2 + H^+ \rightarrow Fe^{3+} + \frac{1}{2} H_2O + 33 \text{ kJ} \tag{5.2}$$

5.5.3 好酸性酵素

好酸性微生物の生産する酸性環境で安定なアミラーゼ,プルラナーゼ,グルコアミラーゼ,グルコシダーゼなどが報告されている[7]。最近,Sharmaらによって,好酸性微生物の産業応用についての総説が書かれたので,詳細はそちらを参考にするとよい[8]。

引用・参考文献

1) D.B. Johnson: Physiology and ecology of acidophilic microorganisms, In "Physiology and Biochemistry of Extremophiles," ASM Press, pp.257-270 (2007)
2) C. Baker-Austin and M. Dopson: Life in acid: pH homeostasis in acidophiles, Trends Microbiol., **15**(4), pp.165-171 (2007)
3) K. Küsel, A. Chabbi and T. Trinkwalter: Microbial processes associated with roots of bulbous rush coated with iron plaques, Microb. Ecol., **46**, pp.302-311 (2003)
4) D.B. Johnson and L. Rang: Effects of acidophilic protozoa on populations of metal-mobilising bacteria during the leaching of pyritic coal, J. Gen. Microbiol., **139**, pp.1417-1423 (1993)
5) A.M. Amaro, D. Chamorro, M. Seeger, R. Arredondo, I. Peirano and C.A. Jerez: Effect of external pH perturbations on in vivo protein synthesis by the acidophilic bacterium *Thiobacillus ferrooxidans*, J. Bacteriol., **173**, pp.910-915 (1991)
6) http://news.nationalgeographic.com/news/2008/11/081105-bacteria-mining_2.html
7) B. van den Burg: Extremophiles as a source for novel enzymes, Curr. Opin. Microbiol., **6**, pp.213-218 (2003)
8) A. Sharma, Y. Kawarabayasi and T. Satyanarayana: Acidophilic bacteria and archaea: acid stable biocatalysts and their potential applications, Extremophiles, **16**, pp.1-19 (2012)
9) 畠本 力:特殊環境に生きる細菌の巧みなライフスタイル,未来の生物科学シリーズ27,p.54,共立出版 (1993)

6 好塩性微生物

6.1 微生物と塩

　魚介類などの腐敗しやすい食品を保存する際,古くから塩蔵という方法が用いられてきた。食品に食塩（塩化ナトリウム）を加えることによって,食品中に存在する微生物の増殖（腐敗）が抑制されるためである。われわれの身近にも,塩辛やイクラなど多くの塩蔵食品がある。その一方で,塩濃度の高い環境で増殖できる微生物を利用した日本独特の発酵食品がある。味噌・しょう油・漬物などの発酵食品は食塩を多量に含んでおり,一般の微生物による腐敗を防ぐとともに,高塩濃度下で増殖可能な微生物による限定分解によって独特な風味を醸し出すものである。自然界にも海洋・塩湖といった塩環境が存在しており,海洋細菌などの好塩性微生物の生息が確認されている。

6.2 好塩性微生物の定義と分類

　食塩濃度に注目した場合,ほぼゼロから飽和に至る種々の食塩濃度下で増殖可能な微生物が知られている。そして微生物は,増殖に適した食塩濃度に応じて,大きく**非好塩性微生物**と**好塩性微生物**（halophile）に分類される（**表6.1**）。非好塩性微生物は食塩濃度0.2 M以下でよく増殖する微生物を指し,0.2 M以上でよく増殖するものを好塩性微生物と呼ぶことが多い。大部分の陸棲細菌や淡水棲細菌は非好塩性微生物であり,腐敗の原因菌も多くは非好塩性

6.2 好塩性微生物の定義と分類　　79

表 6.1　増殖に適した食塩濃度に基づく微生物の分類

分　　類	増殖至適食塩濃度
非好塩性微生物	0～0.2 M
好塩性微生物	
低度好塩性微生物	0.2～0.5 M
中度好塩性微生物	0.5～2.5 M
高度好塩性微生物	2.5～5.2 M

微生物に属するため，塩蔵という方法が効果的となるわけである。

　好塩性微生物は，食塩要求性に応じてさらに細分される。最も一般的に受け入れられている分類法では，低度好塩性微生物は食塩濃度 0.2～0.5 M の条件で，中度好塩性微生物は 0.5～2.5 M の条件で，そして高度好塩性微生物は 2.5～5.2 M の条件で，それぞれ最もよく増殖するとされている。

　非好塩性微生物の中には，ある程度の濃度の食塩存在下においても増殖可能な**耐塩性微生物**も含まれる。また，上述の"好塩性"の概念は**増殖至適食塩濃度**の差異に基づくが，最近では増殖に必要な最低食塩濃度を考慮した"嗜塩性"という概念も提唱されている。

6.2.1　低度，中度好塩性微生物

　海洋は 0.5 M（3.5％）程度の食塩を含むことから，**低度好塩性微生物**の大部分は海洋微生物である。低度の好塩性をもつ海洋微生物はすべて細菌（いわゆる細菌）であり，グラム陰性細菌の *Vibrio*, *Pseudomonas*, *Alteromonas*, *Alcaligenes*，グラム陽性細菌の *Micrococcus* などが分離されている（グラム染色に関しては，4.4.1 項を参照）。これらの微生物はすべて，生育に比較的高濃度のナトリウムイオンを必要とする。非好塩性微生物である陸棲細菌の中には食塩濃度 0.2 M 以上の条件下でも良好に生育する耐塩性微生物も多いが，増殖に必ずしもナトリウムイオンを要求しない点で低度好塩性微生物とは区別される。

　中度好塩性微生物は，塩蔵した魚や肉，しょう油もろみ，天日塩，塩湖など

から分離されている（**表6.2**）。きわめて広範囲の食塩濃度下で生育可能であり，塩濃度変化に対する適応性の高い微生物群といえる。中度好塩性細菌の中には，*Paracoccus halodenitrificans* のように食塩を特異的に要求するものと，*Vibrio cosicola* のように食塩以外の塩類を含む培地中でも生育可能なものとがある。*V. cosicola* の場合，ナトリウムイオンがカリウムイオンやマグネシウムイオンなどで代替できる。

表6.2 中度好塩性微生物の分離例[2]

菌　株	分　離　源	増殖可能食塩濃度	増殖至適食塩濃度
Bacillus sp.	粗製塩，しょう油醸造用塩	0〜4 M	1〜2 M
Clostridium lortetii	死海の沈殿物	1〜2 M	1.4 M
Haloanaerobium praevalens	グレートソルト湖の沈殿物	0.34〜5.1 M	2.2 M
Halobacteroides halobius	死海の沈殿物	1.4〜2.8 M	1.5〜2.5 M
Micrococcus halobius	しょう油もろみ，粗製塩	0.5〜4.0 M	1〜2 M
Paracoccus halodenitrificans	塩蔵肉	0.4〜4.0 M	0.75〜1.5 M
Pediococcus halophilus	塩蔵魚，しょう油もろみ	0〜3.4 M	0.85 M
Pseudomonas halosaccharolytica	粗製塩	0.5〜4.5 M	2 M
Spirochaeta halophila	塩湖の泥	0.05〜1.25 M	0.75 M
Vibrio costicola	塩蔵肉	0.4〜3.5 M	1〜1.5 M

6.2.2 高度好塩性微生物

最も高い食塩濃度に適応した微生物が**高度好塩性微生物**であり，飽和食塩濃度下で生育可能なものも多い。高度好塩性微生物は主として塩田，天日塩，塩湖などから分離されている。塩湖というのは乾燥地帯の内陸部にあり，水面が海面よりも低く，流出する川をもたない。このような湖では，流入する川の水に含まれる塩分が蒸発によって濃縮され，飽和近くにまでなっている。イスラエルの死海，アメリカのグレートソルト湖，ケニアのマガディ湖など，世界各

地に多くの塩湖が分布している。無機イオンの組成やpHは塩湖により大きく異なっており，死海（pH6〜7）ではほぼ同濃度のナトリウムイオンとマグネシウムイオンを含むのに対し，グレートソルト湖（pH7〜8）はナトリウムイオンが主な陽イオンである。また，pH11のマガディ湖ではマグネシウムイオンやカルシウムイオンが水酸化物として沈殿してしまうため，それらの濃度はゼロとなる。このようにイオン組成やpHの異なる塩湖には，イオン要求性や生育至適pHの異なる高度好塩性微生物が生息している（後述）。

低度好塩性微生物および中度好塩性微生物が基本的に細菌に属するのに対し，大部分の高度好塩性微生物は古細菌（アーキア）に分類される。2013年現在，高度好塩性古細菌としては，中性菌の *Haloarcula*, *Halobacterium*, *Halococcus*, *Haloferax* など，そして好アルカリ性菌の *Natronobacterium*, *Natronococcus* など，合計41属が知られている（**表6.3**）。中性菌である

表6.3　高度好塩性古細菌の属[*1]

Haladaptatus	*Halomicroarcula*	*Natrialba*[*2]
Halalkalicoccus[*2]	*Halomicrobium*[*2]	*Natrinema*[*2]
Halarchaeum	*Halonotius*	*Natronoarchaeum*
Haloarchaeobius	*Halopelagius*	*Natronobacterium*[*2]
Haloarcula[*2]	*Halopenitus*	*Natronococcus*[*2]
Halobacterium[*2]	*Halopiger*[*2]	*Natronolimnobius*
Halobaculum	*Haloplanus*	*Natronomonas*[*2]
Halobellus	*Haloquadratum*[*2]	*Natronorubrum*
Halobiforma	*Halorhabdus*[*2]	*Salarchaeum*
Halococcus	*Halorientalis*	
Haloferax[*2]	*Halorubrum*[*2]	
Halogeometricum[*2]	*Halosimplex*	
Halogranum	*Halostagnicola*	
Halohasta	*Haloterrigena*[*2]	
Halolamina	*Halovenus*	
Halomarina	*Halovivax*[*2]	

[*1] 2013年10月現在，International Journal of Systematic and Evolutionary Microbiologyに掲載され，学名として正式に認められているもの。
[*2] 全ゲノム解析が終了した菌株を含む属。

Haloarcula や *Haloferax* は,生育にナトリウムイオンのみならず高濃度のマグネシウムイオンを要求する。これらの菌株はいずれも死海から分離されており,マグネシウムイオン要求性は前述の死海のイオン組成と関連しているようである。一方,アルカリ塩湖であるマガディ湖から分離された好アルカリ性菌の *Natronobacterium* や *Natronococcus* はアルカリ性条件でのみ生育し,マグネシウムイオンを要求しない。わが国においても,石川県能登半島の塩田土壌より三角形平板状の特徴的な形態を有する高度好塩性古細菌が分離されており,*Haloarcula japonica* と命名された。いずれの高度好塩性古細菌も生育に高濃度のナトリウムイオンを要求することはすでに述べたが,カリウムイオンでは代替できない。

6.3 好塩性微生物の浸透圧調節機構

水分子は細胞膜を透過できるため,微生物細胞を高塩濃度環境においた場合,細胞からの水の流出が起こることになる。したがって,好塩性微生物が高塩濃度下で生育するためには,細胞内の溶質濃度を外界に合わせて調節する必要がある。このような**浸透圧調節**機構は,好塩性微生物のみならず,耐塩性微生物を含む非好塩性微生物においても備わっている。

6.3.1 低度,中度好塩性細菌における浸透圧調節

非好塩性細菌,および低度,中度好塩性細菌の浸透圧調節は,特定の溶質の輸送あるいは合成を促進し,それを細胞内に蓄積することにより行われる。そして,これらの細菌の耐塩性の上限は,個々の細菌に備わった浸透圧調節能と関係しているようである。

これまでに,非好塩性細菌の浸透圧調節機構について多くの知見が得られている。例えば,大腸菌 (*Escherichia coli*) のようなグラム陰性細菌を生理的濃度 (150 mM 程度) の食塩を含む培地で増殖させた場合,細胞内にカリウムイオンが 230 mM 程度蓄積する。カリウムイオンは細胞内での代謝活性の維持

に重要な役割を果たしており，特にタンパク質合成系において必須イオンとして働くことが知られている．そして，培地中の食塩濃度を上げると，細胞内のカリウムイオン濃度が上昇するとともに，電気的中性を保つため対イオンとしてのグルタミン酸が増加してくる．一方，黄色ブドウ球菌（Staphylococcus aureus）のようなグラム陽性細菌の場合，生理的食塩濃度下においても細胞内には 600 mM 程度のカリウムイオンが蓄積され，グルタミン酸を主とするアミノ酸プールも大きい．この状態は，ちょうどグラム陰性細菌を高食塩濃度条件で培養した場合に相当する．細胞内に高濃度のカリウムイオンを蓄積できる細菌ほど耐塩性が高いといわれており，一般にグラム陽性細菌がグラム陰性細菌に比べて高い耐塩性を有している所以である．グラム陰性細菌・グラム陽性細菌，いずれの場合も，培地の食塩濃度をさらに高めていくと，脱水作用により細胞内のカリウムイオン濃度はさらに増加する．細胞内カリウムイオン濃度の過度の上昇は代謝系に悪影響を及ぼすため，細胞内の浸透圧を高めるための別の手段が必要となる．両性イオン型物質であるプロリンやベタイン（N, N, N-トリメチルグリシン）などがその働きを担う．これらの物質は対イオンの蓄積を必要とせず，代謝機能に及ぼす影響も少ない．それ以外に，高濃度食塩存在下で培養した細胞からはグリセロール・トレハロース・ショ糖などの，いわゆるポリオール類も検出されており，これらを総称して適合溶質と呼ぶ（**図 6.1**，2.6 節 参照）．

　低度，中度好塩性細菌においても，上述の非好塩性細菌に類似の浸透圧調節機構が機能しているらしい．例えば，海洋細菌 *Vibrio alginolyticus* の細胞内全溶質濃度はつねに培地濃度よりも高く維持され，カリウムイオンもある程度高濃度に保たれている．しかし，増殖に最適な範囲（0.4〜0.8 M）で食塩濃度を増加させた場合においても，カリウムイオンは一定値（約 0.4 M）を維持している．一方で，培地の食塩濃度の増加につれて，ナトリウムイオンやアミノ酸濃度の上昇が観察される．アミノ酸の中でも，酸性アミノ酸および中性アミノ酸，具体的にはグルタミン酸とプロリンの増加が顕著である．1.5 M の食塩存在下で培養した場合，グルタミン酸の蓄積量は酸性アミノ酸の 99％ を，

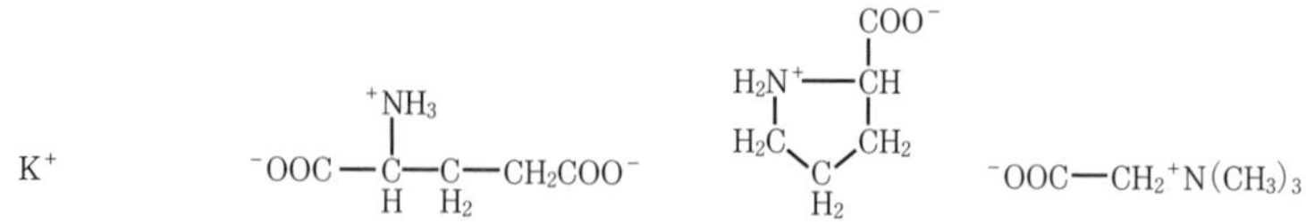

(a) カリウムイオン　K$^+$

(b) L-グルタミン酸　$^-OOC-CH(^+NH_3)-CH_2-CH_2COO^-$

(c) プロリン

(d) ベタイン　$^-OOC-CH_2-^+N(CH_3)_3$

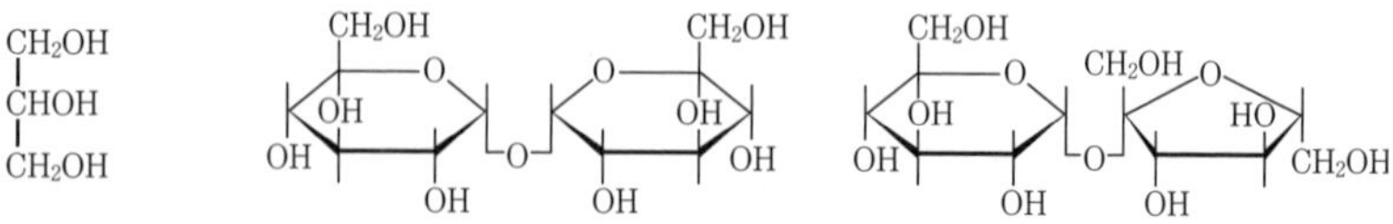

(e) グリセロール

(f) トレハロース

(g) ショ糖

図 6.1　非好塩性細菌，および低度，中度好塩性細菌に見られる適合溶質

そしてプロリンは中性アミノ酸の 48% を占めるに至る。低度，中度好塩性細菌における適合溶質としては，カリウムイオン・グルタミン酸・プロリン以外にもベタインやポリオール類が検出されているが，細菌によって浸透圧調節に寄与する物質は微妙に異なっているようである。

6.3.2　高度好塩性古細菌における浸透圧調節

飽和に近い食塩濃度下で増殖可能な高度好塩性古細菌は，細胞内にも高濃度の塩を蓄積しており，それによって細胞外の高い浸透圧に対抗している。細胞内に存在する塩は，細胞外の塩（塩化ナトリウム）とは異なり，飽和に近い濃度（3～4 M）の塩化カリウムである。ベタインも検出されているが，その濃度はわずかである。したがって，高度好塩性古細菌の場合，外界に存在するナトリウムイオンとの浸透圧バランスは主にカリウムイオンによって保たれている。通常の酵素は高濃度のカリウムイオンなどによって活性が阻害されるが，高度好塩性古細菌の細胞内酵素は高濃度の塩（塩化カリウムや塩化ナトリウム）存在下で機能することができ，そのため代謝活性は阻害されない。高度好塩性古細菌の酵素の中には，高濃度の塩類によって活性が阻害されないばかりか，活性発現に高濃度の塩類を必要とするものも珍しくない。塩化ナトリウム

よりは塩化カリウムに依存する酵素が多く,生理的に必要な塩は塩化カリウムであると考えられる。このように,高度好塩性古細菌の高塩濃度環境への適応機構は,細菌とはまったく異なるきわめて特殊なものといえよう。

6.4 好塩性微生物の細胞表層構造

微生物細胞と外部環境との接点が**細胞表層**であり,高塩濃度環境で生育する微生物の細胞表層はつねに外界の塩の影響を受けていることになる。好塩性微生物が高塩濃度環境で生育するためには,そのような環境下で正常に機能する細胞表層構造が必要である。

6.4.1 低度,中度好塩性細菌の細胞表層

低度,中度好塩性細菌の細胞膜も,非好塩性細菌と同様,種々のグリセロリン脂質が二重層構造をとったものである。細胞膜を構成するグリセロリン脂質は,通常の細菌に含まれる**エステル型脂質**であり,それほど特殊な成分は含まれていない。例えば,グラム陰性細菌ではホスファチジルエタノールアミン(PE)が主成分であり,その他にホスファチジルグリセロール(PG)やジホスファチジルグリセロール(DPG)などが存在する(**図 6.2**)。低度,中度好塩性細菌を高塩濃度下で培養すると,酸性グリセロリン脂質である PG の比率が増加する。PG は二重層構造をとりやすいグリセロリン脂質であり,PG の

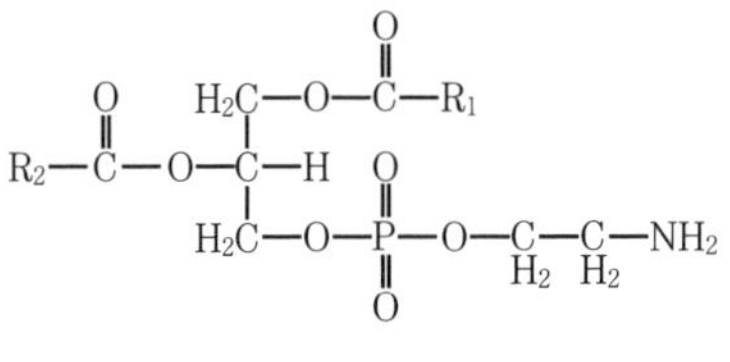

(a) ホスファチジルエタノールアミン 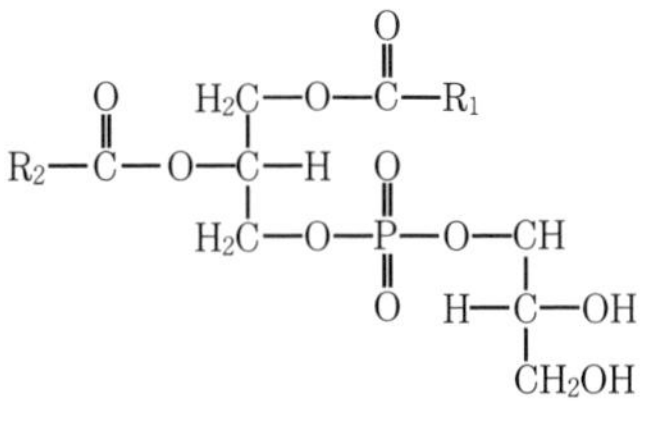　　(b) ホスファチジルグリセロール

R_1 は飽和の C_{16} または C_{18},R_2 は C_{16}〜C_{20}

図 6.2 非好塩性細菌,および低度,中度好塩性細菌のおもなエステル型脂質

増加は高塩濃度環境において脂質二重層構造を正常に維持するための適応と考えられる。グラム陽性細菌のグリセロリン脂質構成はグラム陰性細菌よりも若干複雑であるが，高塩濃度環境に対してはグラム陰性細菌とほぼ同様な応答を示す。グラム陰性細菌もグラム陽性細菌も，ムレイン（ペプチドグリカンの一種）と呼ばれるヘテロ多糖からなる網目状構造の細胞壁を有している。細胞壁は細胞の形態維持に重要な働きを担っていると考えられているが，高塩濃度環境適応への直接的な関与は報告されていない。

好塩性微生物は生育に食塩を要求することはすでに述べたが，細胞を低塩濃度の水溶液にさらすと容易に溶菌し，浸透圧ショックに対してきわめて弱い。好塩性微生物は外界の塩により溶菌から保護されるが，その保護効果は陽イオンの種類により異なっており，陰イオンの違いには影響されない。例えば，ナトリウムイオンの効果はカリウムイオンよりはるかに大きく，塩による保護効果は単に浸透圧だけでは説明できない。同様な保護効果は，低度，中度好塩性細菌だけでなく，高度好塩性古細菌においても認められている。海洋細菌である *V. alginolyticus* を用いた研究から，ナトリウムイオンは細胞膜の構造を安定化する働きを担っていることが明らかにされている。

6.4.2　高度好塩性古細菌の細胞表層

細菌に含まれる脂質がエステル型であるのに対し，古細菌を特徴づける性質の一つに**エーテル型脂質**がある。古細菌はすべて，グリセロールにイソプレノイドアルコールがエーテル結合した脂質骨格をもつ。代表的な高度好塩性古細菌 *Halobacterium salinarum* では，アーキチジルグリセロリン酸，アーキチジルグリセロール，アーキチジルグリセロ硫酸などの他，糖鎖をもつ糖脂質も同定されている（**図6.3**）。高度好塩性古細菌においては，その系統分類と脂質組成との間に有意の相関が見出されており，とりわけ糖脂質の糖鎖は属レベルの分類指標として広く用いられてきた。高度好塩性古細菌の細胞膜もナトリウムイオンにより安定化される。細胞外の高濃度のナトリウムイオンは，細胞膜に存在する過剰の負電荷の中和に働くだけでなく，塩析効果により細胞膜の

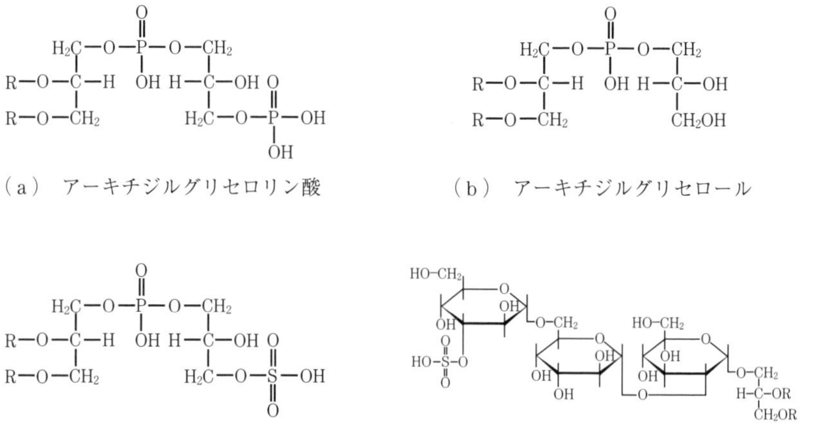

(a) アーキチジルグリセロリン酸

(b) アーキチジルグリセロール

(c) アーキチジルグリセロ硫酸

(d) 硫酸化されたトリグリコシルアーキオール

R は C_{20} イソプレノイド。典型的な高度好塩性古細菌 *Hbt. salinarum* に見られるものを示した

図 6.3 高度好塩性古細菌のおもなエーテル型脂質

疎水構造を安定化していると考えられている。ある種の高度好塩性古細菌は，生育にナトリウムイオンのみならず高濃度のマグネシウムイオンを要求する。このマグネシウムイオンは細胞膜に直接結合し，細胞膜の安定化に機能する。

高度好塩性古細菌のうち，*Halococcus* や *Natronococcus* は球菌の形態をとる。これらの細胞はいずれもヘテロ多糖でできた強固な細胞壁で囲まれており，低張液中でも溶菌しない。一方，それ以外の桿菌もしくは不定形の形態をとる高度好塩性古細菌は強固な細胞壁をもたず，代わりに **S 層**（S-layer）と呼ばれる単一タンパク質からなる層が存在する。S 層はある種の細菌にも見られるが，高度好塩性古細菌の S 層タンパク質は糖鎖を含む点で，細菌とは異なる。*Hbt. salinarum* の S 層糖タンパク質に関しては，アミノ酸配列および糖鎖の構造や結合位置も明らかにされている（**図 6.4**）。*Hbt. salinarum* の S 層糖タンパク質は，酸性アミノ酸が 20％以上を占め，さらに糖鎖部分もウロン酸や硫酸基を多量に含むため，非常に酸性度の強いタンパク質となっている。細胞外のナトリウムイオンが細胞膜を安定化することはすでに述べたが，S 層糖タンパク質の負電荷を中和し，その高次構造を安定化させるためにも高

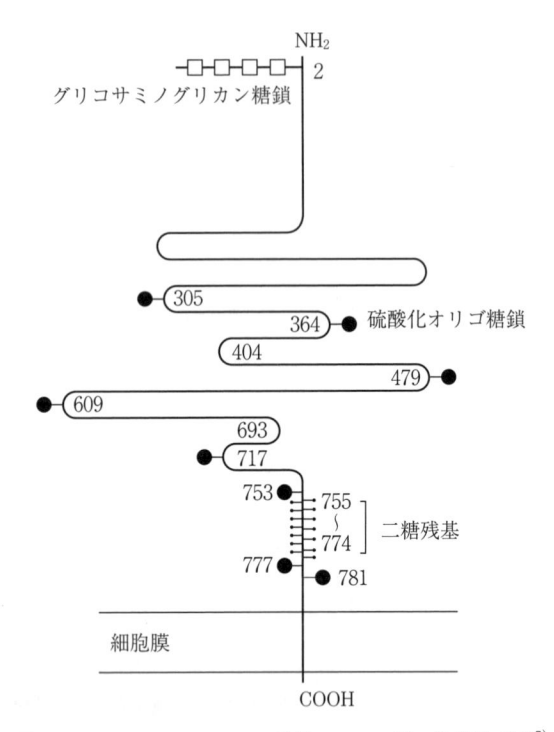

図 6.4　*Hbt. salinarum* の S 層糖タンパク質の構造模式図[5]

濃度のナトリウムイオンが必要なのであろう。

6.5　好塩性微生物の膜機能とエネルギー転換系

　ナトリウムイオンが細胞膜の安定化に寄与していることはすでに述べたが（6.4 節 参照），それ以外に，好塩性微生物のエネルギー転換系に対しても重要な役割を果たしている．典型的な非好塩性微生物および好塩性微生物（低度，中度好塩性細菌，および高度好塩性古細菌）におけるエネルギー転換系の概略を，**図 6.5** に模式的に示す．

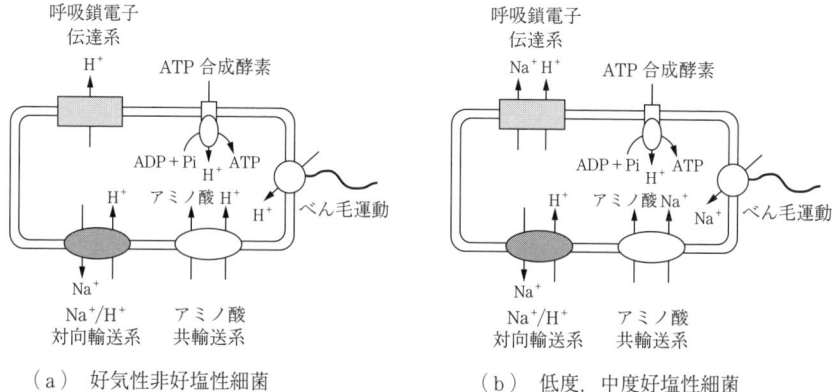

(a) 好気性非好塩性細菌

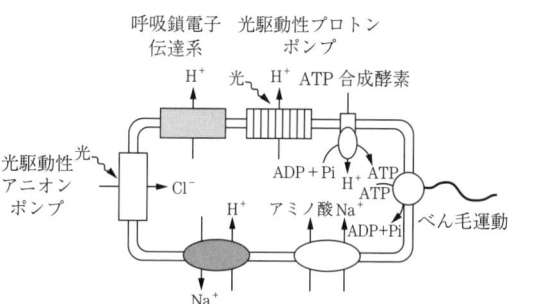

(b) 低度, 中度好塩性細菌

(c) 高度好塩性古細菌

図 6.5 典型的な非好塩性細菌, 低度, 中度好塩性細菌, および高度好塩性古細菌におけるエネルギー転換系の概略[2]

6.5.1 非好塩性微生物のエネルギー転換系

　ミッチェルの化学浸透説によれば, ミトコンドリア膜に局在する呼吸鎖電子伝達系を電子が流れる際に, 膜内外に電気化学的プロトン (水素イオン, H^+) 濃度勾配が形成され, この電気化学ポテンシャルの差, すなわち**プロトン (H^+) 駆動力** (proton motive force) が ATP 合成の原動力となる。多くの生物においては, このプロトン駆動力が最も重要なエネルギーの供給源であり, "プロトンの循環" によるエネルギー共役が成立している。例えば, 好気性・

運動性の非好塩性細菌においては呼吸鎖に共役したプロトンポンプ（後述 6.5.3項 参照）活性が備わっており，ATP合成だけでなく，アミノ酸の能動輸送やべん毛の回転運動にもプロトン駆動力が利用される。

6.5.2 低度，中度好塩性細菌のエネルギー転換系

好塩性微生物（低度，中度好塩性細菌，および高度好塩性古細菌）にも呼吸鎖に共役したプロトンポンプ活性が備わっており，非好塩性細菌と同様，プロトン駆動力を利用したATP合成が行われている。すなわち，好塩性微生物においても，"プロトンの循環"によるエネルギー共役が成立している。

一方，低度好塩性の海洋細菌 *V. alginolyticus* の研究から，本菌のアミノ酸能動輸送（膜内外の濃度勾配に逆らって行う物質輸送のこと）にはナトリウムイオンが必須であり，**ナトリウム（Na^+）駆動力**（ナトリウムイオンの電気化学ポテンシャル差）がエネルギー源となっていることが明らかにされた。能動輸送に関わるアミノ酸**共輸送系（シンポーター）**のナトリウムイオン依存性は，広く中度好塩性細菌および高度好塩性古細菌においても認められており，好塩性微生物すべてに共通した性質と考えられる。また，低度，中度好塩性細菌では，べん毛運動のエネルギーもプロトン駆動力ではなくナトリウム駆動力により供給される。これら好塩性微生物のアミノ酸能動輸送などに必須なナトリウム駆動力は，Na^+/H^+ **対向輸送系（アンチポーター）**によるナトリウムイオン排出系の働きにより，プロトン駆動力から二次的に形成される。さらに，低度，中度好塩性細菌においては，Na^+/H^+対向輸送系によるナトリウムイオン排出系とは別に，呼吸鎖に共役した**ナトリウムポンプ**が存在する。そのため，低度，中度好塩性細菌は，プロトン駆動力を経由せず，ナトリウム駆動力を一次的に獲得することができる。すなわち，低度，中度好塩性細菌はエネルギー共役イオンとしてプロトンだけでなくナトリウムイオンも利用でき，環境に応じて両者を使いわけている。"ナトリウムイオンの循環"によるエネルギー共役は，ナトリウムイオンが豊富な塩環境に適応した姿と考えられよう。

6.5.3 高度好塩性古細菌のエネルギー転換系

Hbt. salinarum などの高度好塩性古細菌には，光駆動性の**イオンポンプ**（**プロトンポンプとアニオンポンプ**）が備わっている。プロトンポンプは光エネルギーを用いて水素イオンを細胞の中から外へとくみ出すことで，呼吸鎖と併せてプロトン駆動力の形成に働く（後述 6.6 節 参照）。一方，アニオンポンプは光エネルギーを用いて塩化物イオンを細胞の外から中へとくみ入れ，その際に生じる膜電位も ATP 合成の原動力となる。低度，中度好塩性細菌の場合と同様，高度好塩性古細菌のアミノ酸輸送系もナトリウムイオン依存的であることはすでに述べたが（6.5.2項 参照），低度，中度好塩性細菌とは異なり，べん毛運動のエネルギーは ATP によって供給される。また，低度，中度好塩性細菌に備わっているナトリウムポンプは高度好塩性古細菌からは見つかっておらず，高度好塩性古細菌と低度，中度好塩性細菌とは少し異なるエネルギー転換系を有しているようである。

6.6　高度好塩性古細菌のレチナールタンパク質

　ある種の高度好塩性古細菌の細胞膜上には，タンパク質以外の成分（補因子という）として**レチナール**（retinal，**図 6.6**）を含有するタンパク質（レチナールタンパク質）が存在しており，高度好塩性古細菌の際立った特徴の一つとなっている。レチナールタンパク質は，その機能から光駆動性イオンポンプと光センサーに大別される。最も研究が進んでいる *Hbt. salinarum* からは，4種類ものレチナールタンパク質が見つかっている。すなわち，光駆動性プロトンポンプの**バクテリオロドプシン**（bacteriorhodopsin，**bR**），光駆動性アニオンポンプの**ハロロドプシン**（halorhodopsin，**hR**），そして光センサーであるセンサリーロドプシンとフォボロドプシンの 4 種である。これらのレチナールタンパク質のポリペプチド部分は，いずれも細胞膜を貫通する 7 本の α-ヘリックスから形成され，7 番目のヘリックス中に存在するリシン残基の側鎖アミノ基にレチナールがシッフ塩基結合している，という共通した構造モチーフをも

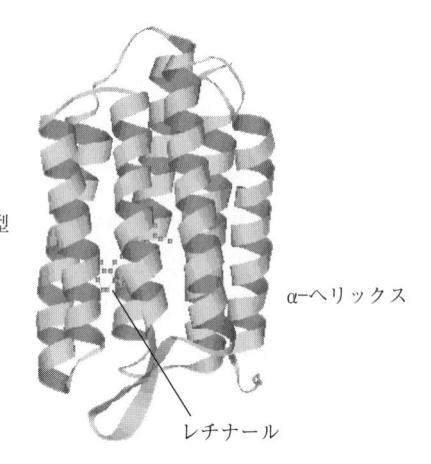

(a) レチナールの光照射に伴う構造変化　(b) レチナールタンパク質の立体構造（*Hbt. salinarum* bR（PDB コード：1AT9））

図 6.6　レチナールおよびレチナールタンパク質の構造

つ（図 6.6 参照）。

同様な 7 回膜貫通型構造モチーフをもつタンパク質として最初に発見されたのは高等生物の視覚を司るロドプシンであるが，高度好塩性古細菌由来のレチナールタンパク質との間にアミノ酸配列の相同性は見られない。レチナールタンパク質は，*Hbt. salinarum* 以外に，*Halorubrum*，*Haloarcula* などからも見つかり，16S rRNA 遺伝子配列や脂質組成と同様，系統分類との相関も示唆される。一方で，レチナールタンパク質をもたない高度好塩性古細菌もあり，必ずしも高度好塩性古細菌に普遍的に存在するものではない。

高度好塩性古細菌のレチナールタンパク質のうち，最も知見の蓄積が多いのが *Hbt. salinarum* の bR である。*Hbt. salinarum* が生産する 4 種のレチナールタンパク質の中では bR の生産量が最も多く，細胞膜上で二次元結晶構造をとることにより，紫膜と呼ばれるパッチ状の構造体を形成する。光駆動性プロトンポンプの bR は，その名称のとおり，光エネルギーに依存してプロトンを細胞の中から外へとくみ出すポンプとして機能する。高度好塩性古細菌は，生育環境に酸素が豊富な場合は呼吸鎖電子伝達系に依存してエネルギーを獲得す

るが,酸素が欠乏した際には光駆動性プロトンポンプが呼吸鎖電子伝達系の代役を務めることになる。実際, bR 遺伝子の発現は光照射あるいは低酸素分圧下において誘導されることが確かめられている。

bR のプロトン輸送機構は,以下のように解明されている。基底状態の bR に対して橙(だいだい)色の光を照射すると,レチナールの全トランス型から 13-シス型への異性化が起こり(図 6.6 参照),それが引き金となりポリペプチド部分にも一連の状態変化(構造や電荷の変化)が生じる。いくつかの中間体を経て再び基底状態に戻るこの一連の変化は,**光サイクル**(photo cycle)と呼ばれる(**図 6.7**)。光サイクルに伴って, bR タンパク質内部でプロトンの移動が起こり,結果的に一定方向にプロトンが輸送される。この光サイクルが終了するわずか 10 ミリ秒の間に合計 5 回ものプロトン移動が起こり,結果として 1 個の

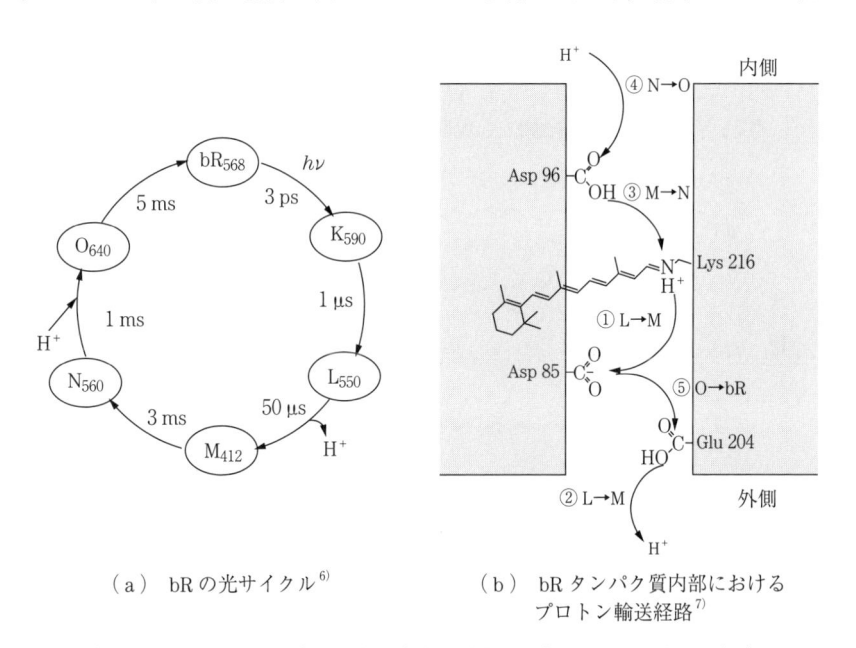

(a) bR の光サイクル[6]　　(b) bR タンパク質内部におけるプロトン輸送経路[7]

(a) アルファベットは各中間体の名称,添字は極大吸収波長を表す。(b) ①〜⑤の順にプロトンの移動が起こり,結果として細胞膜の内側から外側へプロトンが輸送される

図 6.7　bR の光サイクルおよびプロトン輸送経路

プロトンが細胞の中から外へと輸送される。すべてのイオンポンプの中で，アミノ酸レベルでのイオンの輸送経路が解明された初めての例である。

6.7 高度好塩性古細菌のカロテノイド

カロテノイド（carotenoid）は，植物・動物・微生物などがもつ黄橙・赤・赤紫色の色素の総称である。高い抗酸化活性を有することから，保健機能食品へも応用されている。植物や細菌が生産するカロテノイドは，炭素数5のイソプレン（C_5）単位が八つ結合したC_{40}の構造をもつ。一方で，ある種の高度好塩性古細菌はC_{50}のカロテノイドを生産することが知られている。

高度好塩性古細菌のカロテノイド生合成系は，*Hbt. salinarum*，*Haloferax volcanii*，*Har. japonica* などで研究が行われつつある。しかしながら，高度好塩性古細菌の生産するカロテノイド種やカロテノイド生合成系の詳細は未だ明らかにされていない。図6.8に，現時点で推測されているカロテノイド生合

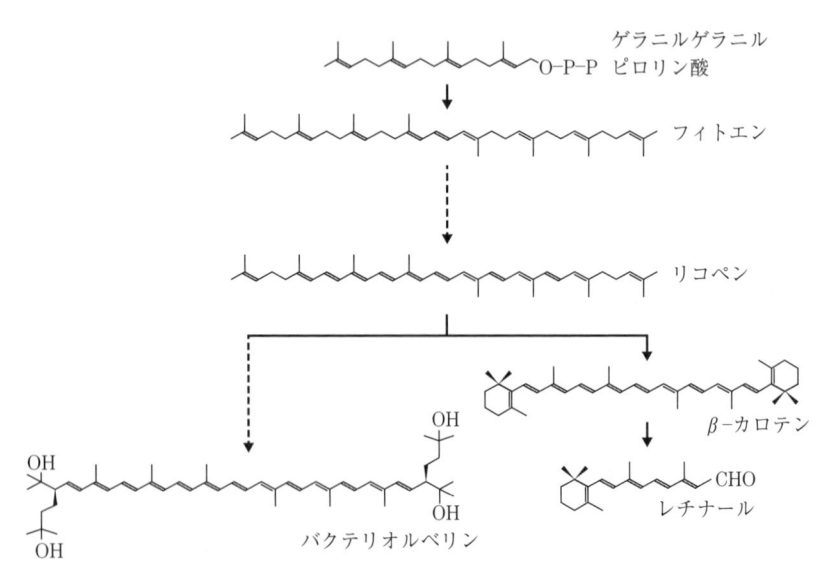

図6.8　高度好塩性古細菌の類推カロテノイド生合成系（Pはリン酸基を表す）

成系の概略を示す。すなわち，2分子のゲラニルゲラニルピロリン酸（C_{20}）からフィトエン（C_{40}）が生成し，数段階のステップを経てリコペンとなる。そして，リコペンからさらに数段階のステップを経て，高度好塩性古細菌の主要な C_{50} カロテノイドである**バクテリオルベリン**が生成する。一方で，リコペンから枝分かれした別経路により，β-カロテンを経て，レチナールタンパク質の補因子であるレチナールが供給されるというものである。

　高度好塩性古細菌におけるカロテノイドの役割についても不明な点が多い。高度好塩性古細菌は，酸素が欠乏した際には光駆動性プロトンポンプによってエネルギーを獲得することは先に述べた（6.6節 参照）。その際，太陽光に含まれる有害波長の光による細胞の傷害を回避するために，カロテノイドの抗酸化活性は重要な役割を担っているのかもしれない。高度好塩性古細菌の生産するバクテリオルベリンは多くの二重結合を含み，植物などからも摂取可能な β-カロテンに比してはるかに高い抗酸化活性を示す。また，カロテノイドは細胞膜中に存在し，脂質二重膜を貫通することで細胞膜の安定化に機能しているともいわれている。低塩濃度下で培養した *Haloferax mediterranei* においてはカロテノイド生産の顕著な増加が認められており，低塩濃度下における溶菌を防いでいると考えられよう。

6.8　高度好塩性古細菌タンパク質の高塩濃度環境への適応機構

　低度，中度好塩菌は細胞内に適合溶質を蓄積することで浸透圧調節を行っているため，細胞内の塩濃度は細胞外ほど高くない。したがって，低度，中度好塩菌が細胞内に生産するタンパク質の中には高塩濃度環境で機能できないものも存在する。高度好塩性古細菌の場合，細胞外には高濃度の塩化ナトリウムが存在しているが，その浸透圧に対抗するために，細胞内にも高濃度の塩化カリウムが蓄積されている（6.3節 参照）。そのため，高度好塩性古細菌が菌体内あるいは菌体外に生産するタンパク質は，いずれも高塩濃度環境で機能する

ことができる．高度好塩性古細菌のタンパク質の中には，低塩濃度下においても活性を示すような**"耐塩性"タンパク質**も存在するが，多くのタンパク質は低塩濃度の環境にさらすと速やかに失活する．このようなタンパク質は，活性発現に高濃度の塩化ナトリウムないし塩化カリウムを要求することから，**"好塩性"タンパク質**と呼ばれ，上述の耐塩性タンパク質とは区別される．

高度好塩性古細菌のタンパク質については，① 酸性アミノ酸（アスパラギン酸およびグルタミン酸）が多い，② 塩基性アミノ酸（とりわけリシン）が少ない，③ 側鎖のかさ高い疎水性アミノ酸が少ない，などの特徴が指摘されている．中でも最も際立った特徴は酸性アミノ酸が多い点であり，分子表面に大量の水分子を保持することで，外界の塩の影響から逃れているなど，耐塩性・好塩性との密接な関連が指摘されてきた．その一方で，*Hfx. volcanii* のジヒドロ葉酸レダクターゼ（DHFR）に酸性アミノ酸が多いということと好塩性とは必ずしも相関しないことが報告された．本酵素の立体構造モデルによれば，塩基性アミノ酸が活性中心の周囲に集まり，酸性アミノ酸は活性中心の反対側に局在しているらしい．同様な傾向は，*Haloarcula marismortui* や *Har. japonica* の**フェレドキシン（Fd）**でも観察される．これら高度好塩性古細菌の Fd は，植物由来の Fd と同様，[2Fe-2S] 型クラスターを含み，アミノ酸配列の相同性も比較的高い．高度好塩性古細菌 Fd は植物 Fd よりも N 末端側が 20 残基程度長く，この領域には特に多くの酸性アミノ酸が含まれている．X 線結晶構造解析によれば，N 末端領域は [2Fe-2S] 型クラスターとはまったく反対側に位置している（**図 6.9**）．好塩性に対しては，酸性アミノ酸の含量だけでなく，その分子内局在部位が重要なのかもしれない．

典型的な好塩性タンパク質である *Har. marismortui* のリンゴ酸デヒドロゲナーゼ（MDH）は，高塩濃度環境（2 M 以上）では活性型の四量体構造をとるが，低塩濃度下では単量体に解離し不活性となる．一方，*Hbt. salinarum* のヌクレオシド二リン酸キナーゼ（NDK）は好塩濃度下で活性型の六量体構造をとるが，その後低濃度の塩溶液にさらしても六量体構造を維持する点で，耐塩性タンパク質の性質を示す．いずれにしても，多量体構造をとる高度好塩

[2Fe-2S]型クラスター

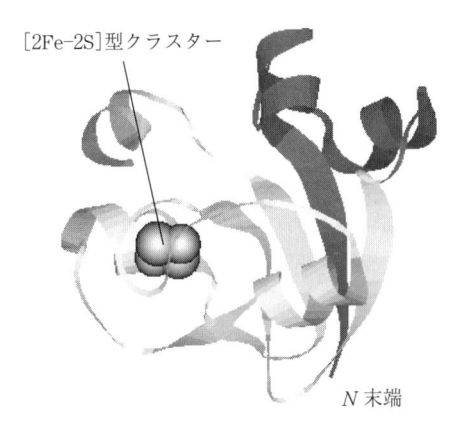

色の濃い部分が N 末端側の酸性アミノ酸に富む領域

図 6.9 *Har. japonica* 由来 Fd の立体構造（理化学研究所播磨研究所・似内 靖 博士のご好意による）

N 末端

性古細菌タンパク質については，多量体構造の安定性が高塩濃度環境適応機構と密接に関連していると考えられる。

高度好塩性古細菌タンパク質の高塩濃度環境への適応機構には，依然として不明な点が多く残されている。一方で，高度好塩性古細菌タンパク質は高塩濃度下のような水分活性の低い環境でも構造を崩さず機能することから，有機溶媒やイオン液体中での利用が考えられる。高度好塩性古細菌タンパク質の産業応用に向け，構造-活性相関や高塩濃度環境適応機構解明に向けた研究の加速に期待したい。

6.9 高度好塩性古細菌の分子生物学

高度好塩性古細菌は，好塩性微生物の中でも最も高濃度の塩環境に適応した微生物群であり，さらに古細菌という系統分類学的位置からの興味とも相まって，全ゲノム解析や分子生物学的研究が盛んに行われるようになってきている。

6.9.1 全ゲノム解析

世界各国で種々の生物のゲノムの全塩基配列を決定しようとするプロジェク

トが進行中であるが，高度好塩性古細菌においても例外ではない。2013年現在，高度好塩性古細菌41属のうち，全ゲノム配列が決定されているものは17属にも及ぶ（表6.3参照）。ゲノムサイズは2.6～5.4メガ塩基対〔Mbp〕（主要な遺伝情報を担う**染色体**（chromosome）以外に，染色体とは独立して自律複製する，**プラスミド**（plasmid）と呼ばれる小環状DNAを含む場合がある；後述6.9.2項 参照）と属によるバラツキが多いが，おおむね細菌のゲノムと同程度の大きさと考えられる。また，GC含量は60～66%と総じて高いが，飽和濃度の塩化カリウムで満たされた細胞質中でDNAが安定な二重らせん構造をとるための戦略かもしれない。一方で，*Haloquadratum walsbyi* のみGC含量は49%と低い。

6.9.2 宿主-ベクター系

　一般に高度好塩性古細菌は大きなプラスミド（メガプラスミドという）を複数保持していることが多く，それらのいくつかは高度好塩性古細菌用に外来遺伝子を導入する際の遺伝子の"運び屋"（**ベクター**（vector）という）として利用される。例えば，*Hbt. salinarum* のpHH1，*Hfx. volcanii* のpHV2，*Haloferax* 属Aa2.2株のpHK2といったメガプラスミドの自律複製に関与する配列（**複製開始点**（**ori**））が，高度好塩性古細菌用ベクターで機能するoriとして用いられる。また，遺伝子導入（**形質転換**（transformation）という）が成功した微生物を効率的に選択するためには，目印としての遺伝子（**選択マーカー**）が必要である。高度好塩性古細菌で利用可能な選択マーカーには，抗生物質メビノリンやノボビオシンに対する耐性遺伝子がある。一方，大腸菌用のoriと選択マーカーには，ColE1プラスミド由来のoriとアンピシリン耐性遺伝子が利用される。複数種類の微生物において使用可能なベクターを**シャトルベクター**という。よく用いられる高度好塩性古細菌-大腸菌のシャトルベクターpUBP2，pWL102，およびpMDS20の遺伝子地図を**図6.10**に示す。

　高度好塩性古細菌の形質転換の概略は以下のとおりである。すなわち，培養液の食塩濃度を下げ，マグネシウムイオンを除去することにより，細胞をス

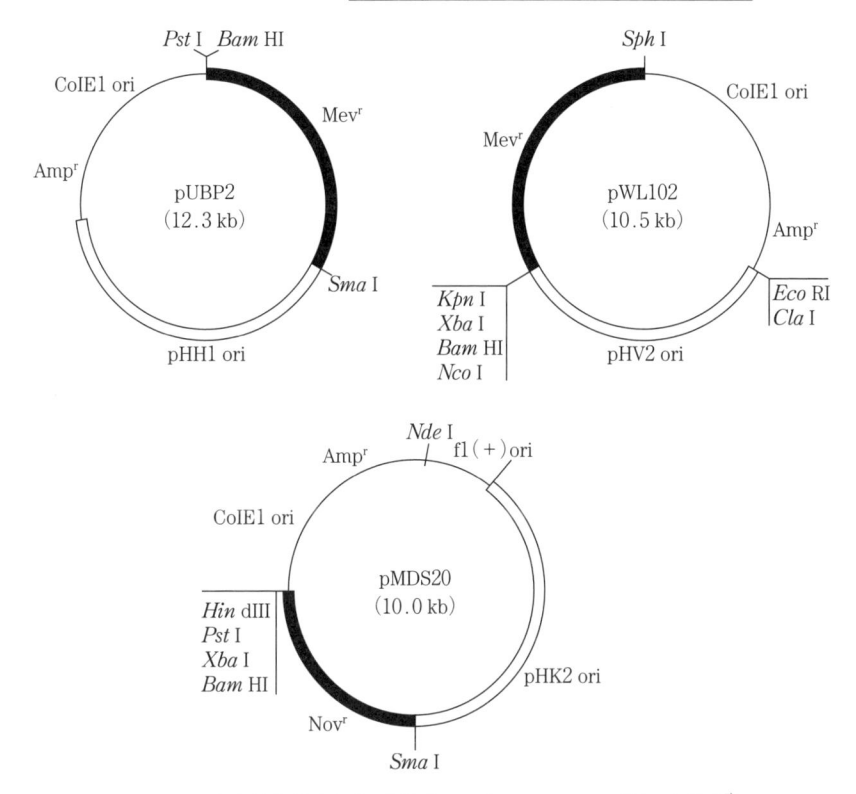

図 6.10 高度好塩性古細菌-大腸菌シャトルベクターの遺伝子地図[2)]

フェロプラスト化させる。このスフェロプラストは細胞表層のＳ層糖タンパク質（6.4.2項 参照）の一部が失われて不安定なため，スフェロプラスト化の操作はショ糖の高張液中で行う。そして，ポリエチレングリコールという試薬を用いてスフェロプラストにDNAを取り込ませた後，生理的濃度の食塩とマグネシウムイオンを含む培地に播種し，スフェロプラストを再生するというものである。遺伝子を導入する細胞のことを宿主というが，高度好塩性古細菌宿主としては，*Hbt. salinarum*，*Hfx. volcanii*，*Har. japonica* などが用いられる。形質転換の効率は宿主によって異なるが，1 μg の DNA 当りおおむね 10^5～10^7 個程度の遺伝子導入細胞（**形質転換体**）が得られるようである。ベクターに含まれる高度好塩性古細菌用の ori は *Hbt. salinarum* や *Hfx. volcanii*

に由来するにもかかわらず,これらのベクターは属や種を越えて保持される。

先にも述べたように(6.8節 参照),高度好塩性古細菌由来のタンパク質は低塩濃度条件において不安定なものが多く,そのため大腸菌を宿主とする遺伝子発現系が利用できない。高度好塩性古細菌タンパク質をコードする遺伝子の発現に際しては,宿主として大腸菌の代わりに高度好塩性古細菌を用いることにより,当該タンパク質を本来の活性を保った形で生産することが可能となる。*Hbt. salinarum* の bR に関しては,プロトン輸送に関与するアミノ酸がすべて同定されているが(6.6節 参照),この研究成果は *Hbt. salinarum* を宿主に用いたタンパク質工学的検討により得られたものである。

高度好塩性古細菌ではプラスミドを用いた遺伝子導入以外に,相同組換えを利用した染色体への組込みも可能である。また,あらかじめ試験管内で破壊した遺伝子を相同組換えにより染色体に組み込むことで,遺伝子破壊系も確立されている。今後,高度好塩性古細菌の分子生物学研究がさらに進展していくものと期待される。

引用・参考文献

1) K. Horikoshi (Ed.): Extremophiles Handbook, Springer (2011)
2) 掘越弘毅,関口武司,中村 聡,井上 明:極限環境微生物とその利用,講談社 (2000)
3) 大島泰郎 監修,今中忠行・松沢 洋 編:極限環境微生物ハンドブック,サイエンスフォーラム (1991)
4) 古賀洋介・亀倉正博 編:古細菌の生物学,東京大学出版会 (1998)
5) J. Lechner and M. Sumper: The primary structure of a procaryotic glycoprotein: Cloning and sequencing of the cell surface glycoprotein gene of halobacteria, J. Biol. Chem., **262**, 9728 (1987)
6) 佐賀佳央,渡辺 正:生産研究,**49**,154 (1997)
7) 神取秀樹,佐々木純,前田章夫:化学,**51**,370 (1996)

7 好圧性微生物

7.1 研究の歴史[1]

　他の章で述べられている極限環境生物に比べると，「**好圧性微生物**（piezophile）」というのは比較的なじみのない言葉ではないだろうか。しかし，地球上の約 7 割は海洋であり，平均深度は 3 000 m を超える。深度 1 000 m ごとに 100 気圧の水圧がかかるので，海洋の平均圧力は 300 気圧以上である。つまり**高静圧**（high-hydrostatic pressure）環境というのは実は珍しくないどころか，地球上の半分以上を占める環境である。微生物は非常に幅広い環境に適応して生育している。したがってこのような環境にも，高圧に適応した微生物が存在していても不思議ではない。

　しかし，その探査の困難さから深海の生命に関する研究は地球上の他の領域に比べると遅れてきた。深海の高圧に耐えうる深海調査船が各国で開発され，さまざまな海域の探査が始まったが，それでも調査できるエリアは全体から見ればほんの一部にすぎず，おそらくはまだまだ未知の，しかも興味深い生命が存在するにちがいない。

　深海の微生物に関する考証は 19 世紀のフランスで始まったとされている。しかしこの時代はまだ深海探査の手法が未発達であり，詳細は謎のままであった。20 世紀半ばにゾーベル（ZoBell）とモリタ（Morita）が世界各地の深海（深度 6 000〜10 000 m）から採取した泥の中に微生物が生きていることを発見し，高圧を好む細菌，すなわち「好圧性微生物」の存在を予言した。またヤ

ナッシー（Jannasch）は深海微生物の代謝機能に関する研究を行い，これらの研究を経て，1979年になってようやくヤヤノス（Yayanos）らが初めて好圧性細菌の単離と同定に成功した。つまりこの分野は，微生物学の中でも比較的新しい研究領域なのである。

その後バートレット（Bartlett）らが，自ら単離した好圧菌を材料にして，高圧環境適応に関する分子レベルでの研究を開始した。日本でもほとんど間を置かず，海洋科学技術センター（現 海洋研究開発機構）の掘越，加藤らが，同機構で運用する深海調査船を利用して菌の単離を行い，研究に着手した。現在明らかになっている好圧性細菌のさまざまな性質は，この時期に単離された菌を用いた研究の成果がほとんどである。

7.2　好圧性微生物とは[2]

好圧性微生物の定義には一定のものはないが，一般的には大気圧下よりも高圧下でより良好に生育する微生物を指す。この場合の高圧とは，一般的な陸上由来の細菌の生育が阻害される300気圧（深度3 000 mに相当）以上を指すことが多い。その中でも高圧下でのみしか生育できないものを**絶対好圧性微生物**（obligate piezophile）と呼ぶ。一方，大気圧下でも生育できるものは**通性好圧性微生物**（facultative piezophile），大気圧下と高圧下で生育が変わらないものを**耐圧性微生物**（piezotolerant microorganism）と呼ぶ。

生育可能な圧力は温度と相関関係を示す。好圧性微生物の多くは至適生育温度よりも低い温度で培養すると大気圧下での生育が良好になる。温度と圧力はいずれも分子振動に影響を与えるファクターとして考えられるものであり，低温も高圧も**分子振動**（molecular vibration）を低減させる。そのため好圧性微生物の生育に関して，温度との間でこのような関係が見られても不思議はないのかもしれない。

ヤヤノスの発見以降，何種かの好圧性微生物が単離され，報告された。細菌としては，そのほとんどはγ-プロテオバクテリアである *Colwellia* 属，

Moritella 属, Psychromonas 属, Photobacterium 属, Shewanella 属に分類される。このうち Shewanella benthica は世界各地で単離例があるが, 耐圧性のものから絶対好圧性のものまで, 株の違いによる圧力応答性の相違が著しい。しかし近年, α-プロテオバクテリアの Roseobacter と近縁であるものや, グラム陽性の好圧菌が単離されている。好圧菌の世界は, 私たちが考えているよりもはるかに広いのかもしれない。

古細菌でも好圧性のものが見つかっており, これにはさまざまな属のものがある。メタン生成菌のモデル生物として有名な Methanococcus jannaschii も好圧性を示す。また真菌のような真核生物も深海からは単離されているが, 細菌のように強い好圧性を示すわけではない。

これまで見つかっている好圧性微生物は, 細菌の場合はすべて好冷性であり, その類縁菌は極地や深海から幅広く見出される。しかし極地の好冷菌で, 浅海から見つかるものは好圧性を示さない。このことから, 好圧菌の起源は極地域の好冷菌であり, これが海流によって深海へ運ばれて高圧適応性を獲得した, という説が提唱されている。そうだとすると, 好圧性というのはもともと備わっていた形質ではなく, あとから獲得した形質ということになる。古細菌の場合は深海の熱水噴出孔で見つかったものも多く, これらは好熱好圧性である。「好圧性」の起源は**生命の起源や進化**（origin and evolution of life）に関わる, たいへん興味深い話題である。

7.3 高圧と生命

圧力が生物に与える影響とはどのようなものだろうか。人間が潜れるのは通常では数十 m 程度である。フィンや重りを着けても 100～200 m が限度である。それは人間の体の中には肺などの空洞があって圧力差に耐えられないことや, 高圧時に体液中に溶解した気体が大気圧に戻ったときに気体に戻り, 各組織に影響を与えることが原因である。

一方, 細菌は単細胞生物であり, 細胞の中は細胞水で満たされている。した

がって圧力差に起因する問題は起こらない。それでも大腸菌のような陸上の細菌を300気圧程度の高圧下で培養すると生育異常が起こる。まず生育速度が低下し，菌体の長さが異常に伸張するなどの形態異常も引き起こす。これにはさまざまな要因があるが，一言でいえば「圧力が生物を構成する分子に与える影響」ということになる（図7.1）。

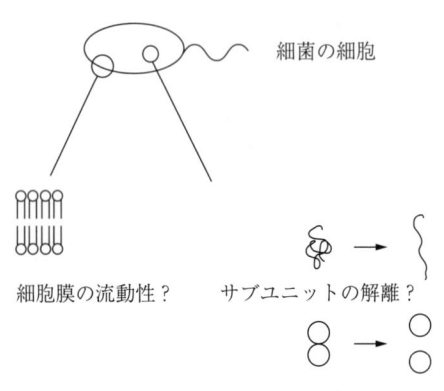

図7.1 高圧が生命に与える影響

7.3.1 高圧がタンパク質に与える影響[2]

タンパク質は生体内でさまざまな用途に用いられている重要な分子である。タンパク質はアミノ酸の重合体であり，平均重合度300～400程度のポリペプチドである。複数のポリペプチドが重合して一つの機能単位となっている場合も多い（この場合，一つ一つのポリペプチドを**サブユニット**（subunit）と呼ぶ）。サブユニット間の結合は主に疎水性相互作用である。このアミノ酸鎖が，その配列によって定まる固有のコンフォメーションを形成する。内部には多くのすき間があり，そこには溶媒である水分子が入り込んでいる。タンパク質のコンフォメーションは固いものではなく，ある程度のゆらぎをもつ。このゆらぎこそがタンパク質の機能において重要な意味をもつ。

しかし，高圧下では分子運動が制限され，ゆらぎも減少する。当然タンパク質全体の立体構造にも影響を及ぼす。また高圧がサブユニット構造にも影響を

7.3 高圧と生命

与えることも考えられる。このことは当然タンパク質のコンフォメーション変化を引き起こし，ひいては活性の変化につながる。

前に記した，高圧下で培養した大腸菌で見られる細胞の伸張はこの「タンパク質のコンフォメーション変化」が主な原因である。細菌では，細胞分裂時にFtsZという球状タンパク質が分裂面に多数重合して，真珠のネックレスのようなリングを形成する（**図7.2**）。ここが足場となって細胞分裂に必要なさまざまなタンパク質が集まり，分裂が進行する。一方，高圧下ではおそらくFtsZのコンフォメーション変化により，FtsZの重合が阻害され，リングが形成されない。そのために正常な細胞分裂が阻害されるのである。ちなみにこの現象は可逆であり，圧力を大気圧に戻すとまたFtsZリングが形成され，分裂が見られるようになる。

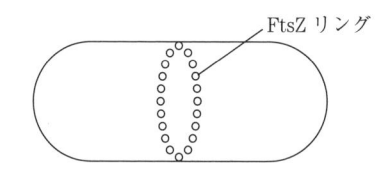

図7.2 細胞分裂面でのFtsZリングの形成

これらとともに高圧下の酵素活性を考える上で重要なファクターと考えられているのが「**活性化体積**（activation volume）」である。生体反応の触媒である酵素の場合，酵素分子は基質を結合した後，いったん遷移状態を経て反応を進行させる。単独では不安定な反応中間体に酵素が結合し，その結果，反応に必要な活性化エネルギーが低下するため，酵素反応は非常に効率よく進行する。この酵素-遷移状態複合体における体積が活性化体積である。この変化が正，つまりいったん体積が大きくなるような酵素反応の場合は高圧感受性となり，逆の場合は**耐圧性**（piezotolerance）が強くなると考えられている。

タンパク質の耐圧性と熱安定性（thermostability）にはなんらかの相関があるかもしれない。多くの生物がもつ電子伝達タンパク質であるc型シトクロムを用いて比較すると，好冷好圧性微生物のものは，同属の好冷および中温性の非好圧性微生物のものよりも熱安定性が高い[3]。

タンパク質内部のどのような構造が耐圧性に寄与するのかという点に関しては，まだ十分な知見は得られていない。今後アミノ酸を置換した変異型タンパク質や，常圧性のタンパク質と好圧性のタンパク質を部分的に融合させたキメラタンパク質の作製などによって，詳細に研究を進める必要があるだろう。現在そのような研究も進行中である。

7.3.2 高圧が細胞膜に与える影響

好冷性微生物の章で述べられているとおり，脂質二重膜は液晶であり，温度や圧力に依存して相転移を起こす（3.4節 参照）。高圧力下では，細胞膜の流動性が低下し，さまざまな問題が起こる。例えば酵母を用いた研究では，膜の流動性の低下が膜貫通型タンパク質であるトリプトファン輸送体の機能に大きな影響を及ぼし，そのことが高圧下での酵母の生育を制限していることが知られている[4]。

しかし細胞膜が高圧下で構造変化を起こし，それが膜結合型タンパク質の活性に影響するとすれば，逆にいえば，細胞膜は細胞が圧力変化を直接感知しうる部位になり得ることになる。この点に関してはのちの項で記述する。

7.3.3 ピエゾライト

微生物を高浸透圧の培地で培養した場合，細胞から水が流出するのを防ぐため，細胞内でヒドロキシ酪酸，ベタインなどの「**オスモライト**（osmolyte）」と呼ばれる物質が合成される。これによって細胞内の浸透圧も上昇し，細胞から水が失われるのを防ぐのであるが，好圧性微生物を高圧下で培養したときにも同じような現象が見られる[5]。このとき合成される物質を「**ピエゾライト**（piezolyte）」と呼ぶ。浸透圧と静水圧の間にはなんらかの相関があることが予想される。

7.4 研究に用いる方法

極限環境微生物を研究する際に，好酸性微生物や好アルカリ性微生物であれば培地のpHを調整するし，好熱性微生物や好冷性微生物であれば恒温槽を用いる。しかし好圧性微生物の場合，圧力を調整する必要がある。また好圧性微生物が単離されるのは深海由来の底泥や海水であるから，サンプル回収のための特別なシステムも必要となる。

深海に潜航してさまざまな調査を行うことのできる潜水調査船は，有人，無人のものを合わせても世界で数ヶ国しか運用していない。日本はその中の1国であり，1960年代から現在に至るまで，さまざまなタイプの潜水調査船を運用している（**表7.1**）。これらが海底から泥や海水，岩石などの環境サンプルや，そこに棲む生物などを採取してくる。深海での圧力を保ったままサンプルを海上へもってくることのできる装置も存在する。もちろんこのとき，陸上由来の微生物が混入するのを避けるため，無菌的にサンプルを回収する必要がある。

表7.1 日本で運用されてきた主な潜水調査船（海洋研究開発機構のWebサイトより）

就役	名称	有人/無人	最大潜航深度	特徴
1981年	しんかい2000	有人	2 000 m	日本初の本格的な深海の有人潜水調査船
1983年	ディープ・トウ	無人	4 000～6 000 m	曳航調査システム
1989年	しんかい6500	有人	6 500 m	大深度有人潜水調査船
1995年	かいこう	無人	11 000 m*	世界で初めて10 000 m以深の海底から深海微生物を含む海底堆積物（泥）の採取に成功
1998年	うらしま	無人	3 500 m	自立型深海探査ロボット
2000年	ハイパードルフィン	無人	3 000 m	ハイビジョンカメラ搭載

* 現在は「かいこう7000 II」として，最大深度7 000 mで運用。

7. 好圧性微生物

つぎに高圧下での培養を行うための高圧容器，および高圧ポンプが必要となる（**図7.3**）。高圧容器の中に培養容器を入れ，ポンプで高圧容器内に水を送り込むことによって加圧する。このとき培養容器が固いものだと内部まで圧力

(a) 高圧容器　　　　　　　　(b) 高圧ポンプ

図7.3 高圧容器と高圧ポンプ

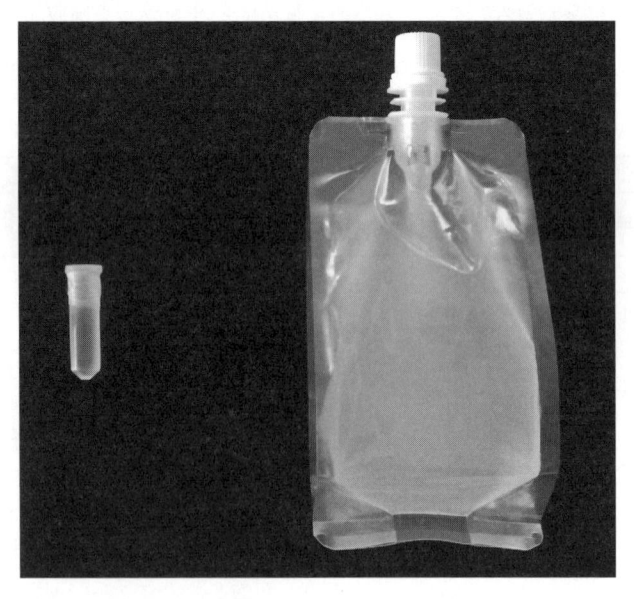

図7.4 高圧培養に用いる容器（左：小スケール用，右：大スケール用）

が伝わらないため，工夫が必要となる。少量での培養は，プラスチックチューブを植菌した培地で満たし，気体が入らないように口をビニールフィルムで閉じたものを使う。もう少し大きなスケールで培養する場合は，滅菌済みのビニールパックを用いる（図7.4）。さらにスケールアップする場合には，海洋研究開発機構が保有するDEEPBATHシステムのような大がかりな装置が必要となる。

この培養法で問題となるのが酸素の供給である。培養容器そのものは完全に密閉されているため，大気圧下での培養と異なり，通気による酸素の供給ができない。好気性微生物の場合，この点がネックとなる。この問題を改善すべく，いくつかの方法が考えられているが，まだ解決されていない。

7.5　モデル生物を用いた研究例

これまで数種の好圧菌が単離されているが，耐圧性に関する詳細な研究やゲノム解析などについては，ほとんどが以下に述べる2種の細菌を用いて行われたものである。特に後者の研究に関しては日本人研究者による貢献が大きい。

7.5.1　*Photobacterium profundum* SS9[5)]

***Photobacterium profundum* SS9**は1986年にフィリピン近海であるスールー海底泥（深度2551m）から単離された好圧菌である。生育至適温度は15℃，生育至適圧力は200〜260気圧であるが，500気圧程度では生育は急激に阻害される。後述の*Shewanella violacea* DSS12と比較すると好圧性は低い。しかし本細菌は嫌気状態でも（おそらく）発酵によって生育できるため，通気ができないことによって起こる問題は少ない。

1989年に，本菌の外膜タンパク質であるOmpHをコードする遺伝子が高圧下で発現誘導されることが明らかとなった。この発見が細菌の高圧環境適応機構の解明に向けた第一歩となった。2005年には深海好圧菌として初めて**ゲノム解析**（genome analysis）が行われ，モデル生物としての利便性はより高

7. 好圧性微生物

まった。

本細菌では *ompH* は高圧下で、また別の外膜タンパク質をコードする *ompL* は逆に大気圧下で発現誘導される。つまり細菌は圧力という外的要因を感知して細胞内に伝えているはずである。このとき圧力を感知する**センサー**（sensor）として働いているのが **ToxR** と呼ばれる膜貫通型タンパク質である。ToxR は DNA 結合タンパク質であり、遺伝子の発現調節に直接関与する。高圧下で細胞膜の流動性が低下すると、それに伴って ToxR のコンフォメーションが変化し、活性も変化する。

つまり細胞はその表層にある細胞膜全体で圧力変化を感知し、膜貫通型タンパク質がその情報をコンフォメーション変化という形で受け取る。そして情報はこのタンパク質の活性が制御されることによって細胞内部へ伝えられる（**図 7.5**）。*P. profundum* SS9 において圧力センサーとして機能するのは ToxR だけではないかもしれないが、他のものがあったとしてもおそらく同様の機構によって圧力を感知しているのではないだろうか。

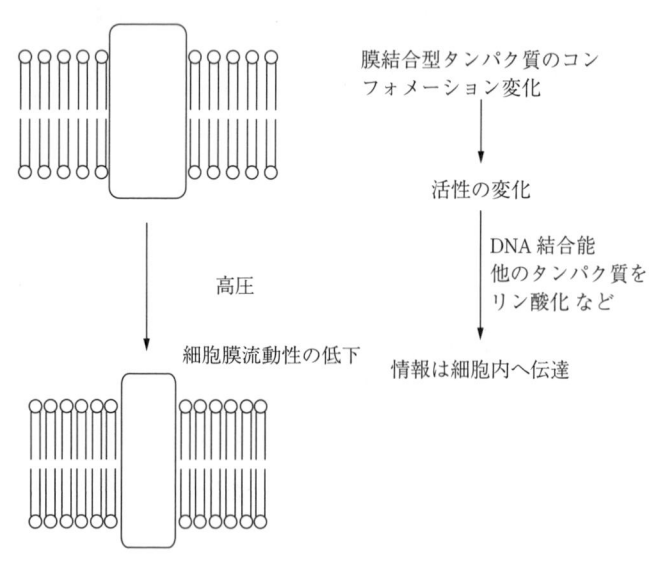

図 7.5 好圧性微生物が圧力を感知するシステム

ToxR の他にも，トランスポゾンを用いたランダム変異体を用いて，高圧下の生育に重要と思われる因子がいくつか確認されている．その中の一つが **RecD** である．RecD は DNA ヘリカーゼ/ヌクレアーゼである RecBCD の構成要素であり，DNA の組換えに関与している．RecD 欠損株の高圧感受性は，DNA 組換えの過多に起因するらしいことが示されているが，現在のところ，その詳細は不明である．

本細菌は好圧性細菌であると同時に好冷性細菌でもある．好冷性微生物の項にあるように，好冷性細菌の多くは多価不飽和脂肪酸をもつ．*P. profundum* SS9 も例外ではなく，総脂肪酸のうち 10% 前後の割合でエイコサペンタエン酸（EPA）をもつ．本細菌を低温下，もしくは高圧下で培養すると一価不飽和脂肪酸および EPA の含有率が上昇する．これは細菌の一般的な低温適応機構と同様の現象である．

しかし興味深いことに，低温で増加するのは EPA と炭素数 16 の一価不飽和脂肪酸であり，高圧で増加するのは EPA と炭素数 18 の一価不飽和脂肪酸である．これらの不飽和脂肪酸は単に膜の流動性を維持するためだけではなく，それぞれが特別な役割をもつのかもしれない．また EPA は低温，高圧，いずれの場合でも増加する．しかし *P. profundum* SS9 の EPA 生合成欠損株は高圧感受性とはならない．したがって本細菌の高圧下における生育に重要なのは一価不飽和脂肪酸であって，EPA ではないと考えられる．それでは好圧菌における EPA の役割とはなんなのだろうか．この点に関しては，後述の *Shewanella violacea* DSS12 を用いて研究が進められている．

7.5.2 *Shewanella violacea* DSS12[2)]

***Shewanella violacea* DSS12** は 1995 年に琉球海溝底泥（深度 5110 m）から単離された好冷好圧菌である．生育至適温度は 8°C，生育至適圧力は 300 気圧（海の深度 3000 m に相当）であるが，大気圧から 500 気圧程度まではそれほど生育に大きな差は見られない．本細菌は嫌気条件下での発酵による生育はできないようなので，通気ができない培養条件では最初に培地に溶存していた

酸素のみしか利用できない微好気性条件になる。そのため得られる菌体量は非常に限られるという問題点がある。それでも大気圧から高圧まで良好な生育を示すこと，比較的高い圧力でも十分生育できることから，細菌に対する高圧の影響を調べるのに都合のよいモデル生物となっている。

これまでに遺伝子発現の加圧応答に関して研究が進められており，本細菌には，圧力に応答して機能する，いわゆる**圧力応答プロモーター**が存在することが明らかにされた。二成分制御系である **NtrBC** のうちセンサーである膜タンパク質 **NtrB** が圧力を感知し，**NtrC** をリン酸化する。これが RNA ポリメラーゼの $\sigma 54$ 因子を活性化して高圧下の遺伝子発現誘導がなされるというモデルが提唱されている。P. profundum SS9 の場合と同様，細胞膜の高圧下における状態変化が膜タンパク質のコンフォメーション変化を引き起こし，これが圧力のセンサーとして働くのであろう。

また酵素レベルの研究もいくつか行われている。通常の細菌の酵素は高圧下である程度活性の低下が見られるが，本細菌のジヒドロ葉酸還元酵素は 100 気圧程度までは逆に活性が上昇する。もちろん大腸菌の相同酵素に比べて相対的に高圧下における活性は高い。3-イソプロピルリンゴ酸脱水素酵素も，非好圧性の Shewanella のものに比べると耐圧性が高い。また RNA ポリメラーゼは σ 因子を含むホロ状態では 1000 気圧以上でも正常な状態を保つが，大腸菌の酵素ではサブユニットごとに解離してしまう。このように好圧菌の酵素は，おそらく全般的に耐圧性が高いのであろう。

S. violacea DSS12 も P. profundum SS9 と同様，細胞膜中に EPA をもつ。その含有量は 20～30％ と非常に高い。本菌を高圧で培養すると，その含有量は若干低下する。一見 EPA は高圧下の生育に関係がないようにも思える。しかし EPA 生合成系の欠損株は，大気圧下では正常に生育するが，300 気圧では生育が大幅に低下し，細胞形態の伸張が見られるようになる。だが大腸菌を高圧下で培養したときとは異なり，FtsZ リングの形成は観察される。現在のところ，細胞分裂時における EPA の役割は明らかではないが，好冷性微生物の項で述べたようなタンパク質機能との密接な関連があることが示唆され

る[6)]。また細胞膜の物理的特性を調べた結果，EPA の存在は膜の安定性を保つのに重要であると示唆されている。

しかし，*P. profundum* SS9 では EPA 生合成欠損株は圧力感受性を示さなかったので，好圧菌における多価不飽和脂肪酸の役割は種によって異なっていると思われる。多価不飽和脂肪酸をもたない好圧菌も存在するようである。個々の種において，今後さらに検討される必要があるだろう。

7.5.3 好圧菌と呼吸鎖電子伝達系

呼吸系（respiratory system）とは，エネルギー代謝系の**酸化的リン酸化**（oxidative phosphorylation）の一部である。NADH などの電子供与体から酸素などへの**電子伝達**（electron transport）を担っていて，これと共役したプロトンポンプによって ATP 合成酵素を動かすためのプロトン駆動力を生み出している。

真核生物の酸化的リン酸化は基本的に図 7.6 のようなものであり，ATP 合成酵素以外の部分が呼吸系である。これに対し，多くの細菌は非常に多様な，かつ枝分かれした呼吸系をもつことが知られている。電子供与体は NADH の他にもアンモニア，硫黄，二価鉄など，電子を供与する力の強いものを広範囲に利用する。電子受容体も，酸素がない場合は硝酸塩，硫酸塩など，さまざま

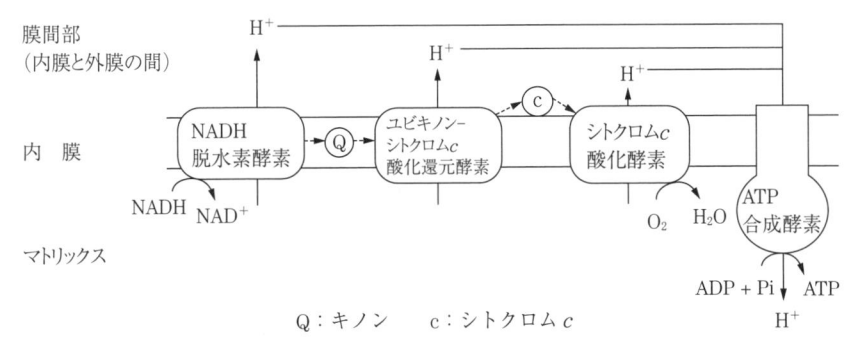

図 7.6 真核生物のミトコンドリアにおける酸化的リン酸化の一般的な模式図（一部）

Q：キノン　　c：シトクロム *c*

な化合物を利用することができる。

　しかも多くの場合，一種の細菌が複数の経路をもち，培養条件で使い分けている。これは細菌がさまざまな環境でエネルギーを得るための戦略である。つまり細菌の呼吸系を知ることは，その細菌の環境適応機構の一端を知ることに他ならない。したがって好圧性微生物の呼吸系と高圧環境になんらかの相関があっても決して不思議なことではない。

　S. violacea DSS12 の圧力応答プロモーター近傍に，大腸菌 *cydD* の相同遺伝子が見出される。コードされる CydD は膜貫通型輸送タンパク質である ABC（<u>A</u>TP-<u>b</u>inding <u>c</u>assette）トランスポーターの一種で，生理的抗酸化剤であるグルタチオンの輸送に関与して，生体内の酸化還元バランスの維持に寄与する。大腸菌においては，この遺伝子産物が，シトクロム *bd* 型キノール酸化酵素などの呼吸系タンパク質のアセンブリに関与することが示唆されている。大腸菌によるモデル実験の結果，*cydD* が微生物の高圧環境への適応に関してなんらかの寄与をしていることが示された。また *S. violacea* DSS12 では生育圧力の変化によって呼吸系構成成分が変化する。前述のとおり，多くの細菌は枝分かれした呼吸系をもち，環境要因に応じて使い分けている。ということは *S. violacea* DSS12 の場合も，高圧環境に適応するために呼吸系を変化させていると考えても十分に理に適っているだろう。

　これまでの研究により，*S. violacea* DSS12 の好気的呼吸系は**図 7.7** のようなものであると推定される[7]。末端酸化酵素（最終的に酸素へ電子を伝達する酵素）は 5 種類あるが，これらをコードする遺伝子の発現は酸素濃度，および

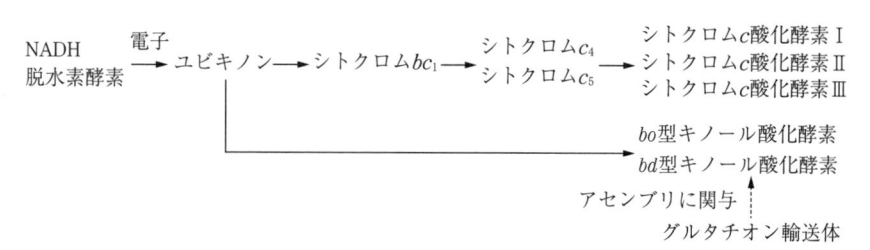

```
NADH        電子
脱水素酵素  ────→ ユビキノン ──→ シトクロム bc₁ ──→ シトクロム c₄   ──→ シトクロム c 酸化酵素 I
                                                  シトクロム c₅         シトクロム c 酸化酵素 II
                                                                       シトクロム c 酸化酵素 III
                                              ──────────────────→ bo 型キノール酸化酵素
                                                                   bd 型キノール酸化酵素
                                                                     ↑ アセンブリに関与
                                                                       グルタチオン輸送体
```

図 7.7　*S. violacea* DSS12 における呼吸系（予想）[7]

圧力で制御されている。このうちシトクロム *bd* 型キノール酸化酵素が高圧下での生育になんらかの寄与をしていることが示唆されている以外，末端酸化酵素の使い分けは不明である。しかし培養した菌体から得られる細胞膜画分を粗酵素として（つまり5種のうちどれをどれだけの割合だけ含んでいるかはわからない）末端酸化酵素活性を測定したところ，やはり他の酵素と同様，非好圧性の類縁菌の場合と比べて高い耐圧性を示す。また高圧下で培養した菌の細胞膜を用いた場合は，大気圧下で培養したものの場合よりも耐圧性が高い[8]。

一方 *P. profundum* SS9 では，生育圧力を変えても呼吸系遺伝子の発現は制御されない。しかし，高圧下で培養した菌の細胞膜を用いて末端酸化酵素活性を測定すると，*S. violacea* DSS12 の場合と同じように，大気圧下で培養したものの場合よりも耐圧性が高い[9]。呼吸系構成成分の組成が変化しないのに活性の圧力応答性が変化するというのは非常に興味深い。現在のところ詳細は不明であるが，この場合は高圧下で引き起こされる膜組成の変化がなんらかの寄与をしているのではないかと考えている。呼吸系の高圧環境適応への寄与は種によって異なっているらしい。

7.6 産業への応用

現段階では好圧性微生物の産業への応用例は特にない。しかし高圧技術は，食品加工における非加熱殺菌技術で用いられている。加熱殺菌はタンパク質などの変性やビタミンなどの分解を引き起こすため，味や栄養価の低下を起こす可能性がある。しかし高圧殺菌ならそのような心配がない。好圧性微生物の研究を通して，圧力が生命に与える影響の詳細が明らかになっていけば，このような技術の理論的裏づけが得られる。さらに効率的，かつ有用な技術進歩の位置づけとなる研究であるといえる。

引用・参考文献

1) D.H. Bartlett : Introduction to deep-sea microbiology, In "High-Pressure Microbiology," ASM Press, pp.195-201 (2008)
2) C. Kato : Microbiolory of piezophiles in deep-sea environments, In "Extremophiles: Microbiology and Biotechnology," pp.233-263, Caister Academic Press (2012)
3) M. Masanari, S. Wakai, H. Tamegai, T. Kurihara, C. Kato and Y. Sambongi : Thermal stability of cytochrome c_5 of pressure-sensitive *Shewanella livingstonensis*, Biosci. Biotechnol. Biochem., **75**, pp.1859-1861 (2011)
4) F. Abe and K. Horikoshi : Tryptophan permease gene *TAT2* confers high-pressure growth in *Saccharomyces cerevisiae*, Mol. Cell. Biol., **20**, pp.8093-8102 (2000)
5) D.H. Bartlett, G. Ferguson and G. Valle : Adaptations of the psychrotolerant piezophile *Photobacterium profundum* strain SS9, In "High-pressure Microbiology," pp.319-337, ASM Press (2008)
6) J. Kawamoto, T. Sato, K. Nakasone, C. Kato, H. Mihara, N. Esaki and T. Kurihara : Favourable effects of eicosapentaenoic acid on the late step of the cell division in a piezophilic bacterium, *Shewanella violacea* DSS12, at high-hydrostatic pressures, Environ. Microbiol., **13**, pp.2293-2298 (2011)
7) Y. Ohke, A. Sakoda, C. Kato, Y. Sambongi, J. Kawamoto, T. Kurihara and H. Tamegai : Regulation of cytochrome *c*- and quinol oxidases, and piezotolerance of their activities in the deep-sea piezophile *Shewanella violacea* DSS12 in response to growth conditions, Biosci. Biotechnol. Biochem., **77**, pp.1522-1528 (2013)
8) H. Tamegai, Y. Ota, M. Haga, H. Fujimori, C. Kato, Y. Nogi, J. Kawamoto, T. Kurihara and Y. Sambongi : Piezotolerance of the respiratory terminal oxidase activity of the piezophilic *Shewanella violacea* DSS12 as compared with non-piezophilic *Shewanella* species, Biosci. Biotechnol. Biochem., **75**, pp.919-924 (2011)
9) H. Tamegai, S. Nishikawa, M. Haga and D.H. Bartlett : The respiratory system of the piezophile *Photobacterium profundum* SS9 grown under various pressures, Biosci. Biotechnol. Biochem., **76**, pp.1506-1510 (2012)

8 メタン生成古細菌

8.1 はじめに

メタン生成古細菌[†]（methanogenic archaea，以下**メタン菌**）は，メタンを主要な代謝産物として発生する古細菌（アーキア）の一群である。このメタン生成に至る代謝様式はメタン菌が生育するのに必須のエネルギー獲得形式である。一方，細菌や真核生物では，副次的にメタンを発生することはあっても主要な代謝産物として生成する生物種は知られていない。

歴史的に見ると，枯死した植物体が留まっているような淀んだ沼地の底からメタンを含んだ燃焼性のガスが発生しているということは，18世紀にイタリアの自然科学者 Alessandro Volta によって報告されている。その後こうしたメタンの発生に微生物が関与していることが明らかにされてきたが，実際にメタン菌が分離されるのは20世紀初頭になってからである。これはメタン菌の生育がきわめて高い嫌気度を必要とするためであった。1950年代になるとガス噴射ロールチューブ法など嫌気的微生物の取扱い法が確立され，これ以後にメタン菌の純粋培養が可能となり，メタン生成に関わる生化学的・遺伝学的研究も進展していった。1970年代には C.R. Woese らがメタン菌を用いて"アーキア（当初はアーキバクテリア）"という概念を提唱し，メタン菌を含むアーキ

[†] C.R. Woese が Archaebacteria を提唱したときの和訳として「古細菌」という用語が採用された。その後 Archaea と呼び変えるようになってからは「アーキア」と呼ぶことも一般的になってきた。本書では「古細菌」で統一表記している。

アは進化学的にも注目を浴びるようになってきた。

本章ではメタン菌の細胞学的特徴，分類と系統，生態，メタン生成の機序，そしてメタン菌の功罪について概説する。

8.2 細胞学的特徴

メタン菌はいずれも絶対嫌気性でメタンを代謝産物として生成するという共通点を有しているが，その他の点では多種多様な微生物群である。メタン生成の機序については後述するが，その他のメタン菌の細胞学的特徴をいくつか挙げてみよう。

メタン菌は嫌気性微生物の中でもきわめて酸素感受性が高く，また生育に高い嫌気度を要求する微生物群である。実際，ある種のメタン菌は通常の好気的な液体培地中に置かれた場合は数分間で生菌数が半減することが示されている。メタン菌の培養には単に物理的に培地中の溶存酸素を取り除くだけでは不十分で，還元剤を用いて培地中の酸化還元電位を低くすることが必要である（-300 mV 以下）。一般的な培養法として酸素透過性の低いブチルゴム栓で密栓したガラス培養容器やファーメンター中に嫌気的に培地を調製し，培地には還元剤として L-システインと硫化ナトリウムをそれぞれ $0.025〜0.05$% 程度加える場合が多い。酸化還元指示薬としてレサズリンを用いることが多いが，レサズリンの脱色（ハイドロレゾルフィンへの変化）は -110 mV 程度で起こる（pH7）。それ以下の酸化還元電位を確認するためにフェノサフラニンなどを使用することも可能であるが，その場合は指示薬による生育阻害を考慮する必要性がある。

メタン菌は幅広い嫌気的環境下で生育しているがメタン生成に利用できる基質は限られている。これには大きく，二酸化炭素タイプ（水素と二酸化炭素（以下，H_2/CO_2）[†]，ギ酸，2級アルコールなど），メチル化 C1 化合物（メタ

[†] H_2/CO_2 を利用するメタン菌は**水素資化性メタン菌**とも呼ばれる。

8.2 細胞学的特徴

ノール，メチルアミン類，硫化メチルなど），酢酸に分けることができる（表8.1）。H_2/CO_2 は多くのメタン菌に利用されているが，メチル化C1化合物や酢酸を利用するメタン菌は一部のグループや特定の属のみで認められている。一部のメタン菌は独立栄養性を示すが，実際には酢酸や特定のアミノ酸によって生育が促進されることが多い。多くのメタン菌は酵母エキスなどの複合有機物を利用し，さらに一部はルーメン液，低級脂肪酸，ビタミン類などを生育に要求するものがある。メタン菌によって生成したメタンは，エネルギー獲得による代謝産物であるので，その生成量（速度）で生育量（速度）を推定することが可能である。さらにメタン菌はメタン生成に関わる補酵素としてデアザフラビン骨格を有する F_{420} をもっている。このため蛍光顕微鏡下では自家蛍光を発している細胞を観察することができる。ただし，培養後期でメタン生成が止まっていたり，生育がきわめて遅いメタン菌の自家蛍光の観察は困難である。

メタン菌は生理学的にもきわめて多様な菌群である。多くは中温性・中性性であるが，生育温度で見ると15℃に至適生育温度がある *Methanococcoides burtonii* や最低生育温度が−2℃の *Methanogenium frigidum* のような好冷性のメタン菌が南極から分離されている一方で，110℃でも生育できる超好熱性の *Methanopyrus kandleri* が海底の熱水噴出地帯から分離されている。生育pHでは，泥炭地から分離された *Methanoregula boonei* や *Methanosphaerula palustris* は至適生育pH5.1〜5.5の好酸性菌であるが，アルカリ性塩湖や地下の塩水から分離された *Methanobacterium* 属や好塩性メタン菌（*Methanolobus oregonensis*, *Methanosalsum zhilinae*）は至適生育pHが8.0〜9.2の好アルカリ性菌である。また高度好塩性メタン菌も見つかっており，高塩濃度の潟堆積物から分離された *Methanohalobium evestigatum* は4.3 M NaClで最も旺盛に生育するという。

メタン菌は細胞構成成分で見ても変化に富んでおり，これらは分類学上の指標にも用いられている。古細菌の有する極性脂質は，細菌，真核生物とは異なっており，その特徴はつぎのとおりである。① 極性脂質を構成するグリセロール骨格は *sn*-グリセロール-1-リン酸であること（細菌，真核生物では

8. メタン生成古細菌

表 8.1 メタン生成反応とその標準自由エネルギー変化[5]

反応	$\Delta G^{0\prime}$ [kJ/mol CH_4]*	メタン菌の種類
二酸化炭素タイプ		
$4H_2 + CO_2 \rightarrow CH_4 + 2H_2O$	-135	多くのメタン菌(水素資化性メタン菌)
$4HCOOH \rightarrow CH_4 + 3CO_2 + 2H_2O$	-130	多くの水素資化性メタン菌
$CO_2 + 4\text{isopropanol} \rightarrow CH_4 + 4\text{acetone} + 2H_2O$	-37	一部の水素資化性メタン菌
$4CO + 2H_2O \rightarrow CH_4 + 3CO_2$	-196	*Methanothermobacter*, *Methanosarcina*
メチル化 C1 化合物		
$4CH_3OH \rightarrow 3CH_4 + CO_2 + 2H_2O$	-105	*Methanosarcina* とメチロトローフメタン菌
$CH_3OH + H_2 \rightarrow CH_4 + H_2O$	-113	*Methanimicrococcus blatticola*, *Methanosphaera*
$2(CH_3)_2\text{-}S + 2H_2O \rightarrow 3CH_4 + CO_2 + 2H_2S$	-49	一部のメチロトローフメタン菌
$4CH_3\text{-}NH_2 + 2H_2O \rightarrow 3CH_4 + CO_2 + 4NH_3$	-75	一部のメチロトローフメタン菌
$2(CH_3)_2\text{-}NH + 2H_2O \rightarrow 3CH_4 + CO_2 + 2NH_3$	-73	一部のメチロトローフメタン菌
$4(CH_3)_3\text{-}N + 6H_2O \rightarrow 9CH_4 + 3CO_2 + 4NH_3$	-74	一部のメチロトローフメタン菌
$4CH_3NH_3Cl + 2H_2O \rightarrow 3CH_4 + CO_2 + 4NH_4Cl$	-74	一部のメチロトローフメタン菌
酢酸		
$CH_3COOH \rightarrow CH_4 + CO_2$	-33	*Methanosarcina*, *Methanothrix*

* $\Delta G^{0\prime}$ は標準状態における自由エネルギー変化を示し,その値が小さいほど(マイナス値が大きいほど)右側へ進む反応から得られるエネルギーが大きい。ただし,実際のメタン菌の生息環境では基質濃度,pH を考慮する必要がある。

sn-グリセロール-3-リン酸），② グリセロールと sn-2, sn-3 位の炭化水素鎖はエーテル結合していること（細菌・真核生物ではエステル結合が一般的である），③ 炭化水素鎖はイソプレノイドで構成されること（細菌・真核生物では脂肪酸が一般的である），④ ジエーテル型脂質（アーキオール）2分子が縮合結合したテトラエーテル型脂質（カルドアーキオール）が存在する。メタン菌ではアーキオール，カルドアーキオールに加えてヒドロキシアーキオール，サイクリックアーキオールなどの特殊なコア脂質も存在し，さらに糖鎖成分としてグルコース，ガラクトース，マンノース，N-アセチルグルコサミンなど，リン脂質極性頭部としてイノシトール，エタノールアミン，セリン，アミノペンテトロール，グリセロールなどがある。こうした極性脂質のバリエーションの分布はメタン菌の科・属レベルでの有用な分類学的指標ともなっている。

　メタン菌の細胞外被構造も細菌，真核生物にはない特徴を見ることができる。**シュードムレイン**は *Methanobacteriales* 目と *Methanopyrales* 目の古細菌だけに存在する細胞外被で，非メタン生成の好塩性古細菌や好熱性古細菌にも認められていない。細菌に見られる**ムレイン**とは立体構造が似ているが，いくつかの点で相違が見られている。すなわち糖鎖部分は N-アセチル-D-グルコサミンと N-アセチル-L-タロサミニュロン酸が交互に結合したポリマー（ムレインでは N-アセチル-D-グルコサミンとムラミン酸のポリマー）で，グリカンの結合様式は $\beta(1\text{-}3)$ 結合（ムレインは $\beta(1\text{-}4)$ 結合），ペプチド鎖はすべて L-アミノ酸（ムレインでは D-, L-アミノ酸が交互に連結）からなっている。一方，S 層はタンパク質または糖タンパク質サブユニットが規則正しく配列した層構造で，メタン菌だけでなく非メタン生成古細菌でも主要な細胞外被構造である。サブユニットタンパク質の化学組成，分子量，安定性，三次構造は種によって差がある。S 層は物理的衝撃には比較的弱く，界面活性剤や低張液処理によって簡単に破砕されることがある。S 層は一部の細菌にも存在するが，この場合は他の細胞壁ポリマーと結合していることが多い。

その他の特殊な細胞外皮構造として *Methanothrix* 属[†]，*Methanospirillum* 属ではS層外側を覆っている糖タンパク質からなる鞘（シース）がある。また *Methanosarcina* 属において細胞が凝集塊を形成し小荷物（サルシナ）状の形態を示す種が存在するが，これはS層からなる細胞外被の外側にメタノコンドロイチンと呼ばれるヘテロ酸性多糖が存在して細胞同士を接着させているからである。このヘテロポリ多糖は動物結合組織のコンドロイチンと類似性が高いが硫酸化はされていない。

8.3 分類と系統

古細菌は系統学的にいくつかのグループに分けられているが，メタン菌はすべて *Euryarchaeota* 門（phylum）に属している。この中でメタン菌は大きく七つの目（order）に分かれている（図8.1）。以下に各分類群の特徴について記述する。

Methanobacteriales 目のメタン菌は主に陸上の嫌気的環境から分離されている。*Methanobacterium* 属をはじめとして桿菌が多く，これらは H_2/CO_2 をメタン生成の基質としているが，一部はギ酸や二級アルコールも利用している。*Methanothermus* 属は陸上温泉から分離された至適生育温度80℃以上の超好熱性菌である。一方，*Methanosphaera* 属は球菌状で，H_2/CO_2 を利用せずメタノールを H_2 で還元してメタンを生成する。本属はヒトや動物の腸管，糞便から分離されている。

Methanococcales 目のメタン菌はいずれも海底の堆積物や熱水噴出地帯など海洋環境から分離された球菌状の古細菌である。中温性の *Methanococcus* 属や超好熱性の *Methanocaldococcus* 属などがある。

Methanomicrobiales 目のメタン菌は桿菌状，球菌状，ディスク状など，

[†] 学名上の混乱によって *Methanothrix* 属と *Methanosaeta* 属はシノニム（異名）の関係であるが，現在の原核生物命名規約委員会における裁定委員会は *Methanothrix* を支持している。

8.3 分類と系統

```
        Crenarchaeota    Methanopyrales  Methanobacteriales   Halobacteriales
                        Nanoarchaeota
   Thaumarchaeota
        Korarchaeota
                    Euryarchaeota                      Archaeoglobales
  Methanomassiliicoccales                              Methanosarcinales
            Thermoplasmatales   Thermococcales    Methanocellales
                     Methanococcales
         0.1                                         Methanomicrobiales
```

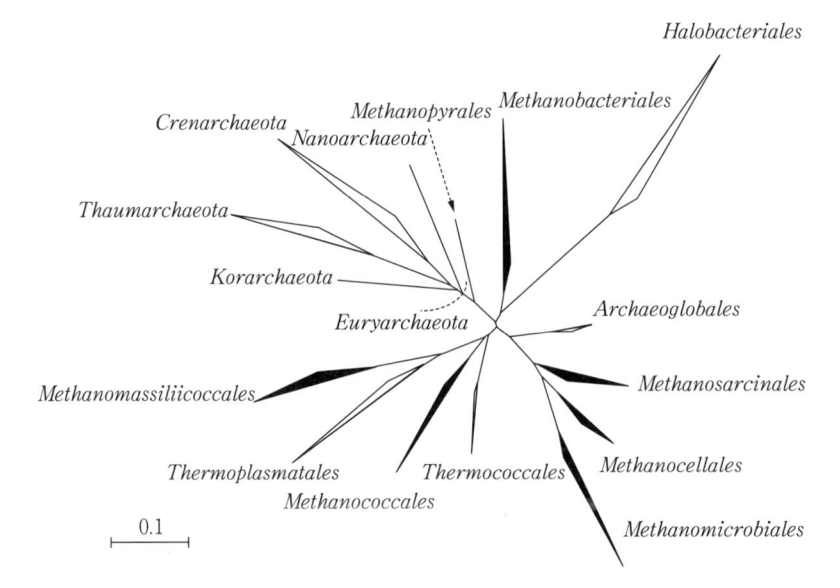

メタン菌は *Euryarchaeota* 門に属し，その中で7目に分かれている。
図中，黒塗りの系統群はメタン菌の目に相当する

図8.1 16S rRNA 塩基配列に基づく古細菌の無根系統樹

さまざまな細胞形態が観察されるが，いずれも H_2/CO_2，ギ酸をメタン生成の基質として利用する中温性もしくは中等度好熱性菌である。多くの菌株は酢酸を生育に必要としている。

Methanosarcinales 目の *Methaosarcinaceae* 科と *Methermicoccus* 属の菌種には球菌状のものが多い。これらはメタン生成の基質としてメタノール，メチルアミンなどのメチル化合物を利用することが可能で，一部は酢酸も利用する。*Methanothrix* 属はフィラメント状に生育し，メタン生成の基質として酢酸のみを利用する。生育はきわめて遅いが，廃水処理におけるメタン発酵槽では主な菌相を占める。

Methanocellales 目には *Methanocella* 属だけが知られている。その構成種はいずれも稲作の土壌から分離されており，これらを含む Rice Cluster I と呼ばれる系統群は，水田からのメタン発生の要因となる主要なメタン菌と推定されている。いずれの種も H_2/CO_2 を基質としている。

Methanopyrales 目は1属1種 *Methanopyrus kandleri* からなる。16S rRNA の系統樹では *Euryarchaeota* 門古細菌の深い位置で分岐している。最高生育温度は 110～122℃ にある桿菌状の超好熱性メタン菌で、海底の熱水噴出地帯から分離されている。

Methanomassiliicoccales 目は、ヒト糞便から分離されメタノールを H_2 で還元してメタン生成する *Methanomassiliicoccus luminyensis* を含むグループである。系統学的には他のメタン菌よりも好熱好酸性の *Thermoplasmatales* 目古細菌により近縁であると考えられている。同様なメタン菌は動物・昆虫などの消化管、嫌気消化槽、埋立て地など幅広く検出されている。

これらのメタン菌以外に超好熱性硫酸還元性古細菌である *Archaeoglobus* 属においても弱いながらメタン生成を行う種が存在し、メタン生成に関わる遺伝子群もよく保存されている。このようなことからメタン生成は *Euryarchaeota* 門古細菌の進化上早い時点で獲得されたエネルギー代謝能で、現存の非メタン生成古細菌群では進化の過程で失われた可能性も指摘されている。

8.4 生　　　　　態

メタン菌は嫌気的な環境に幅広く分布しており、よく知られた生息地には、湖沼(こしょう)・海底の堆積物、水田、埋立て地、牛の反芻胃(はんすう)（ルーメン）、馬・羊の結腸、シロアリの後腸、ヒトやブタの大腸、火山活動による噴気孔、海底熱水噴出地帯、深部地下帯水層、下水処理場などの嫌気的消化槽などが挙げられよう。このうち噴気孔や海底熱水噴出孔などの火山活動に関連する生息地では H_2、CO_2 が火山性のガス中に含まれているため、メタン菌はこれらを直接利用することができる。それ以外の生息地では、メタン菌が利用できる基質は他の生物の代謝によって生じていることが多い。ここで嫌気環境における有機物からメタン生成への食物連鎖を考えてみよう（**図 8.2**）。高分子有機物（多糖類、タンパク質など）は加水分解細菌、発酵性細菌などの従属栄養性嫌気性菌によってメタン生成の基質となる酢酸や H_2/CO_2、その他にプロピオン酸や酪酸

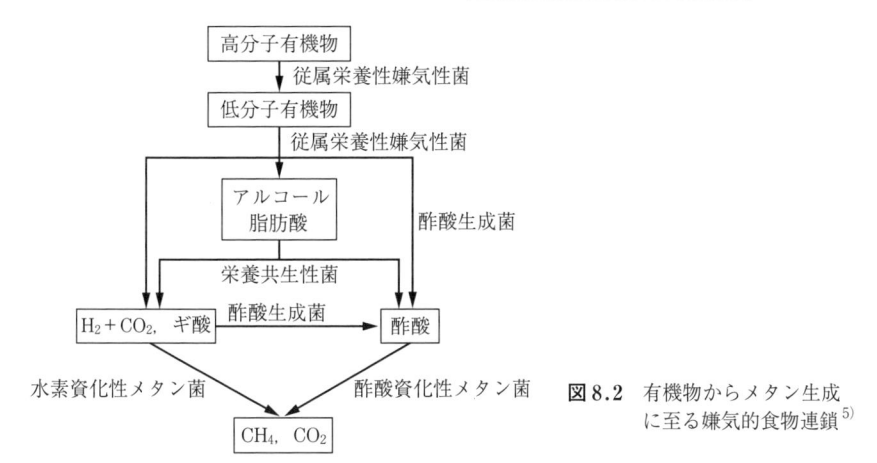

図8.2 有機物からメタン生成に至る嫌気的食物連鎖[5]

などの揮発性脂肪酸，アルコール類などを生成する。揮発性脂肪酸，アルコール類は，H_2生成酢酸生成菌によって酢酸，H_2/CO_2へと変換されるが，例えば酪酸分解菌が酢酸・H_2を生成する反応は，下記のように標準自由エネルギー変化はプラス値の**求エルゴン反応**で化学的に進行しにくい。このとき，メタン菌が酪酸分解菌の生成したH_2を消費すると，全体としての反応系が**発エルゴン反応**となり進行しやすくなり，酪酸分解菌とメタン菌の両者がエネルギーを得ることができる。

酪酸分解菌：

$$CH_3(CH_2)_2COO^- + 2H_2O \rightarrow 2CH_3COO^- + H^+ + 2H_2,$$
$$\Delta G^{0'} = +48 \text{ kJ}/反応$$

メタン菌：

$$4H_2 + CO_2 \rightarrow CH_4 + 2H_2O, \quad \Delta G^{0'} = -135 \text{ kJ}/反応$$

酪酸分解菌とメタン菌の栄養共生：

$$2CH_3(CH_2)_2COO^- + 2H_2O + CO_2 \rightarrow 4CH_3COO^- + 2H^+ + CH_4,$$
$$\Delta G^{0'} = -39 \text{ kJ}/反応$$

こうした水素発生微生物と水素消費微生物の関係は**種間水素転移**（interspecies hydrogen transfer）といい，嫌気環境下における特有の栄養共生関係を示すものである。

図8.2のような食物連鎖の関係は環境によって変わってくることはいうまでもない。酢酸やH_2/CO_2はメタン菌にとってメタン生成の基質であるが，鉄還元菌，硫酸還元菌など他の嫌気性微生物もこれらをエネルギー源として利用している。鉄還元や硫酸還元はメタン生成よりエネルギー獲得効率が優れているため，三価鉄（Fe^{3+}）や硫酸（SO_4^{2-}）が存在する環境では鉄還元菌や硫酸還元菌のほうが優先的に生育する。例えば海洋環境では海水中にSO_4^{2-}が含まれるため，H_2/CO_2，ギ酸，酢酸を利用するのはもっぱら硫酸還元菌である。海洋環境では，硫酸還元菌があまり利用しないメチルアミンや硫化ジメチルなどを利用するメチル化C1化合物利用性のメタン菌が多く生息している。また海底堆積物では，海底面の浅い部分では硫酸還元菌が多いが，深い部分になるとSO_4^{2-}が消費され，代わってメタン菌の比率が多くなるという。

8.5 メタン生成代謝経路

メタン生成の代謝経路は基質であるCO_2タイプ，メチル化C1化合物，酢酸によってそれぞれ異なっている（**図8.3**（a），（b），（c））。多くのメタン菌はH_2/CO_2を利用するが，それらの多くはギ酸も利用できる。その場合はギ酸4分子はギ酸デヒドロゲナーゼによってCO_2に酸化され，1分子がメタンまで還元される。CO_2の炭素原子はメタノフラン（MFR），テトラヒドロメタノプテリン（H_4MPT），コエンザイムM（CoM-SH）がC_1キャリアーとなってホルミル基，メテニル基，メチレン基，メチル基に変換されていく。この間のCO_2からホルミル基への還元には還元型フェレドキシン（Fd_{red}）が電子供与体となり，メテニル基からメチル基への還元は還元型F_{420}（$F_{420}H_2$）が電子供与体となる。なお，一部のメタン菌にはメテニル基を直接H_2で還元するものも存在している。

メチルコエンザイムM（CH_3-S-CoM）はメチルCoMレダクターゼによってメタンに還元されるが，この反応にはコエンザイムB（CoB-SH）が直接の電子供与体となる。この還元反応によってCoM-SHとCoB-SHはヘテロジスル

8.5 メタン生成代謝経路

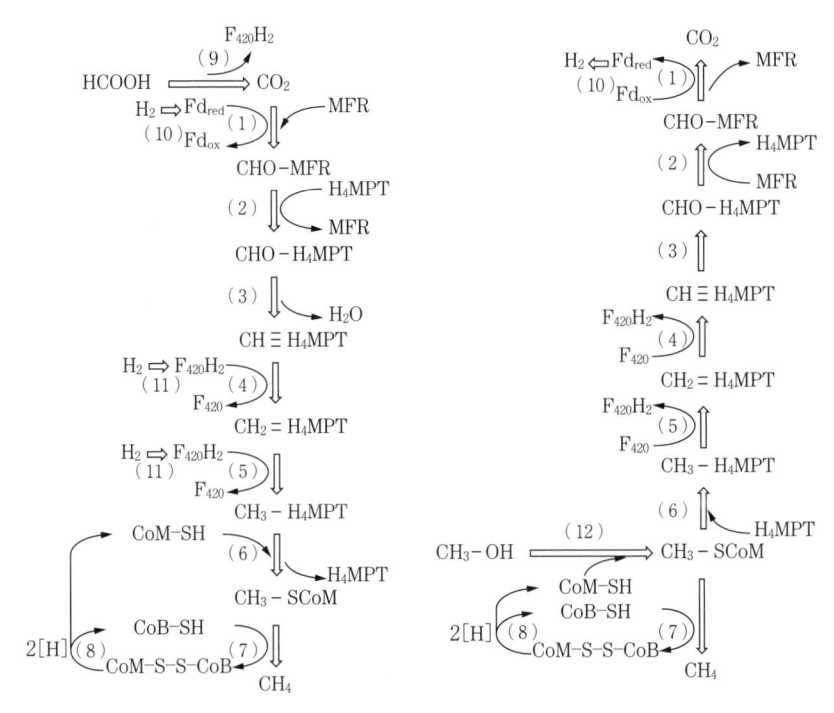

(a) H_2/CO_2 またはギ酸からのメタン生成経路　(b) メタノールからのメタン生成経路

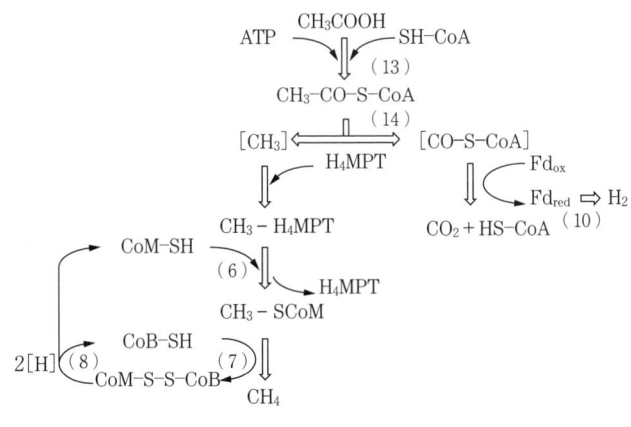

(c) 酢酸からのメタン生成経路

図 8.3 メタン生成経路[5]

Fd_{red}=還元型フェレドキシン,Fd_{ox}=酸化型フェレドキシン,$F_{420}H_2$=還元型補酵素F_{420},MFR=メタノフラン,H_4MPT=テトラヒドロメタノプテリン,CoM-SH=補酵素M,CoB-SH=補酵素B,CoM-S-S-CoB=CoMとCoBのヘテロジスルフィド,CoA-SH=補酵素A
(1) ホルミルMFRデヒドロゲナーゼ,(2) ホルミルMFR:H_4MPTホルミルトランスフェラーゼ,(3) メテニルH_4MPTシクロヒドラーゼ,(4) メチレンH_4MPTデヒドロゲナーゼ,(5) メチレンH_4MPTレダクターゼ,(6) メチルH_4MPT:HS-CoMメチルトランスフェラーゼ,(7) メチルCoMレダクターゼ,(8) ヘテロジスルフィドレダクターゼ,(9) ギ酸デヒドロゲナーゼ,(10) エネルギー保存型ヒドロゲナーゼ,(11) F_{420}還元ヒドロゲナーゼ,(12) メチルトランスフェラーゼ,(13) 酢酸キナーゼ-ホスホトランスアセチラーゼまたはAMP生成アセチルCoAシンターゼ,(14) COデヒドロゲナーゼ/アセチルCoAシンターゼ

図8.3 メタン生成経路(つづき)

フィド(CoM-S-S-CoB)を形成し,さらにヘテロジスルフィドレダクターゼによってCoM-SHとCoB-SHに再生される。このメチルCoMレダクターゼとヘテロジスルフィドレダクターゼの系はH_2/CO_2利用のメタン菌だけでなく,メチルC1化合物,酢酸を利用するメタン菌のメタン生成にも使用されている。熱力学的にはH_4MPTからCoM-SHへのメチル基転移とCoM-S-S-CoBの還元は発エルゴン反応である。前者は膜結合性メチルトランスフェラーゼによるもので膜内外にナトリウム(Na^+)勾配を形成しエネルギー保存を行う。一方,*Methanosarcina*属のメタン菌ではヘテロジスルフィドレダクターゼも膜結合性で,この場合はプロトン(H^+)勾配を形成してATP合成している。

メチルC1化合物としてメタノールを基質としたメタン生成では(図8.3(b)),2種類のメチルトランスフェラーゼによってメチル基がCoM-SHに転移しCH_3-S-CoMが生成する。このCH_3-S-CoM 4分子当り3分子はメチルCoMレダクターゼによってメタン生成に用いるが,1分子はCO_2還元タイプのメタン生成経路の逆反応によってCO_2まで酸化され,これによって生じる還元力を3分子のメタン生成に回している。なお,*Methanosphaera*属ではメチル基の還元はH_2に依存している。

酢酸利用性メタン菌はこれまでのところ*Methanosarcina*属と*Methanothrix*属だけに限られている。これらでは酢酸はアセチルCoAに活性化された後,COデヒドロゲナーゼによってメチル基とカルボキシル基に分割する。メ

チル基はメチル H_4MPT を経てメタンに還元され,カルボキシル基は CO_2 に酸化され,生じた電子はメチル CoM レダクターゼ・ジスルフィドレダクターゼに供給される。なお,*Methanosarcina* 属では酢酸からアセチル CoA への変換は酢酸キナーゼ・ホスホトランスアセチラーゼが触媒するが,*Methanothrix* 属ではアセチル CoA シンターゼが関与する。*Methanosarcina* 属は酢酸からのメタン生成におよそ 1 mM 以上の酢酸濃度が必要であるが,*Methanothrix* 属では 5〜20 μM の低濃度の酢酸を利用できるという。こうした両者の基質濃度に対する相違は,初期のアセチル CoA へ活性化する際の代謝メカニズムの差に起因していると思われている。

8.6 メタン菌の功罪 ── 大気中のメタンとメタン発酵 ──

　今日の大気中のメタン濃度は 1.7 ppm で,ここ 200 年で約 3 倍に増えていることが指摘されている。メタンは CO_2 と同様に温室効果をもつガスの一つであるが,その効果は CO_2 の 20〜30 倍あり,その増加は地球温暖化を促進するものとして懸念されている。大気中のメタンの大部分はメタン菌によって生成されたものであり,特に湖沼,湿地帯,反芻動物(牛のゲップなど),水田から発生するメタンの比率が多い。実際にはメタン菌の生成するメタンは大気中に放出される前にメタン資化性微生物による好気的・嫌気的なメタン酸化によってその大半が消費されているが,家畜数の増加や水田・田畑など耕作面積の拡大もメタン増加の一因となっている可能性がある。このため家畜や水田から発生するメタンに対して家畜飼料や肥料の改善によってメタン生成を抑える試みも行われている。

　一方,メタン菌を利用した**メタン発酵法**によって廃水処理と発生するメタンをバイオガス燃料として回収しようとする方法が実用化されている。メタン発酵法は好気的廃水処理法である**活性汚泥法**と比べて,メタンガスを回収できる他に,余剰汚泥が少ない,酸素の供給が不要のため消費動力が小さいなどのメリットがある。その一方で,処理速度が遅い,廃液濃度範囲が限定されるなど

の欠点があった。しかし,近年ではその改良法である**上向流嫌気性汚泥床**(up-flow anaerobic sludge blanket, **UASB**) **法**などが普及している。UASB法はフィラメント状の*Methanothrix*属メタン菌を中心とした嫌気性微生物からなる**顆粒状凝集体(グラニュール)**を形成させることによって,反応槽中に活性の高い菌体を高濃度に保持し,これによって高濃度の廃液を高速に処理するものである。

引用・参考文献

1) 上木勝司・永井史郎 編:嫌気性微生物学,養賢堂 (1993)
2) 古賀洋介・亀倉正博 編:古細菌の生物学,東京大学出版会 (1998)
3) 古賀洋介,伊藤 隆:10章 アーキア,財団法人 発酵研究所 監修 IFO 微生物学概論, pp.285-300, 培風館 (2010)
4) J.G. Ferry (Ed.):Methanogenesis, Ecology, Physiology, Biochemistry & Genetics, Chapman & Hall (1993)
5) Y. Liu and W.B. Whitman:Metabolic, phylogenetic, and ecological diversity of the methanogenic archaea, Ann. N.Y. Acad. Sci., **1125**, pp.171-189 (2008)

9 有機溶媒耐性微生物

9.1 有機溶媒耐性微生物研究の背景

　油性塗料として用いられているトルエンやキシレンなどの有機溶媒に人がさらされると，頭痛，疲労，吐き気や精神錯乱など，中枢神経に影響を与えることが知られている。トルエンやキシレンなどの疎水性有機溶媒は多くの微生物に対しても強い毒性を示す。世界的人口増加による食料不足の懸念を背景に，1960年代ごろから，石油系炭化水素を栄養源として生育できる酵母や細菌などの微生物を培養して得られる，**微生物タンパク質**（single cell protein, **SCP**）を食糧として利用する試みがなされた。国際原油価格は2013年では1バレル100ドル前後であるが，1970年代の石油危機以前の原油価格は1バレル2～3ドルであり，安価な石油を原料にしたSCPの生産が期待されていた。SCPの開発・研究の結果，トルエンやアルカンなどの有機溶媒を唯一炭素源として生育する微生物が数多く分離された。これらの微生物を培養する際には，供給する有機溶媒による生育阻害を回避するために，有機溶媒を蒸気またはきわめて低濃度で供給する方法が用いられてきた。これらの研究から，トルエンなどの疎水性有機溶媒は微生物にとって猛毒であると考えられてきた。ところが，1989年に，井上明博士と掘越弘毅博士により，培地と等量のトルエンが存在する環境でも生育する *Pseudomonas putida* IH-2000株が報告された[1]。この発見以降，さまざまな有機溶媒耐性菌が多数分離されている。有機溶媒には水に不溶性の疎水性有機溶媒と水に可溶性の親水性有機溶媒がある。

9. 有機溶媒耐性微生物

本章では，疎水性有機溶媒に対する微生物の耐性を中心に述べることにする。後述のように，疎水性有機溶媒（疎水性有機化合物）に耐性の微生物は，有機溶媒を用いる化学工業のさまざまな物質生産プロセスや有機化合物を原因とする汚染の浄化，バイオ燃料の生産などへの応用が期待できる。

9.2 有機溶媒耐性微生物とは

有機溶媒耐性微生物の発見者である井上と掘越によると，有機溶媒耐性微生物とは，10%(v/v)以上の高濃度の有機溶媒を含む培地中で生育可能な微生物である。また，一般的には，トルエンやキシレンなどの毒性が強い有機溶媒存在下で生育可能な微生物が，有機溶媒耐性微生物と呼ばれる。

9.3 有機溶媒耐性微生物の分離

好熱菌は温泉などから分離され，好アルカリ性菌はアルカリ湖などから分離されることが多い。このように，極限環境生物にはそれらの生育に適した生息域が自然界にある。有機溶媒耐性微生物の場合，このような生息域は自然界にはあまりないように思われるが，例えば，カリフォルニア　ロスアンゼルスのRancho La Breaには，少なくとも4万年前から粘性の高い原油が地表に漏れ出している場所がある。この原油は粘性の高いアスファルトである。驚いたことに，そのアスファルトの中に**オイルフライ**（oil fly, *Helaeomyia petrolei*）と呼ばれるハエの幼虫が生息している。オイルフライの幼虫は，アスファルトに落ちてきた動物や昆虫を捕食して生育し，アスファルトの中でも病気になることはない。この幼虫の腸内細菌が調べられた結果，トルエンなどに耐性の細菌（*Staphylococcus haemolyticus*）が分離されている。また，井上と掘越は，トルエン耐性微生物を分離する際に，石油プラント周辺土壌，世界各地の原油，オイルシェールやオイルサンドなどの試料中から探索を試みた。しかし，原油を含むような特殊な環境からトルエン耐性菌は分離されず，結果的に，ト

ルエン耐性菌 P. putida IH-2000 株が分離されたのは，九州阿蘇地方の土壌中からであった．このように，有機溶媒耐性微生物は有機溶媒が存在しないような環境からも分離されている．

9.4 有機溶媒の微生物に対する毒性

疎水性有機溶媒の水への溶解性は非常に低いため，抗生物質などの薬剤の毒性評価に用いられる**最小生育阻止濃度**（minimum inhibitory concentration, **MIC**）のような概念は適用できない．そこで，有機溶媒の毒性評価には，有機溶媒を大量（培地に対して10%(v/v)など）に重層した寒天培地や液体培地における微生物の生育能が用いられている．このような培養系では，有機溶媒が培地と二相を形成する．この二相系における微生物の生育能は，有機溶媒の**logP_{ow}値**と負に相関することが示されている（**図9.1**）[1),2)]．logP_{ow}とは，水とn-オクタノールとの二相間における任意の物質の分配係数P_{ow}の常用対数であり，生理活性物質などの極性を示すパラメーターとして1964年にHanshらによって提唱された．ある物質を等量のオクタノールと水の二相系に溶かした場

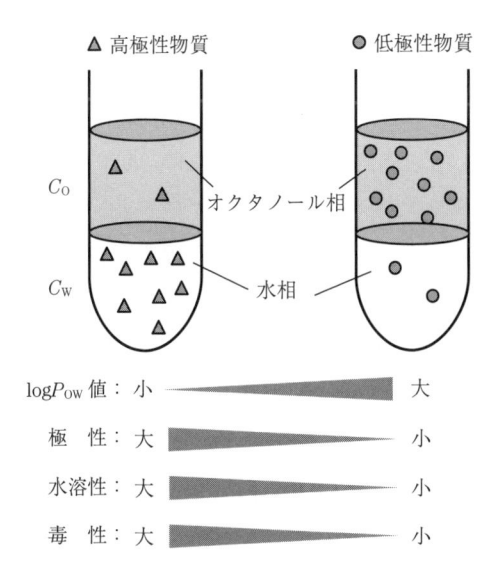

図9.1 logP_{ow}値と極性，毒性の相関

合，溶質はオクタノール相と水相に分配する。この場合の分配比が P_{ow} であり，

$P_{ow} = C_o$(オクタノール相における濃度)$/C_w$(水相における濃度)

として算出される。$\log P_{ow}$ は分配係数 P_{ow} の常用対数である。$\log P_{ow}$ 値の大きい有機溶媒は極性が小さく，反対に，$\log P_{ow}$ 値の小さい有機溶媒は極性が大きい。

　$\log P_{ow}$ 値の異なるさまざまな種類の有機溶媒を添加した二相系における微生物の生育を調べると，$\log P_{ow}$ 値の小さい有機溶媒ほど毒性が強いことが示されている。つまり，有機溶媒の毒性は $\log P_{ow}$ 値に負に相関する。$\log P_{ow}$ 値の小さい有機溶媒は水への溶解性が高いので，微生物の生育阻害効果も大きいと考えられる。注意しなければならないのは，この毒性評価法は，「有機溶媒が培地と二相を形成するまで大量に重層されている系」を用いて行われている点である。例えば，炭素数1から10までのアルコールの毒性評価を，アルコールのモル濃度により評価すると，アルコールの毒性は $\log P_{ow}$ 値に正に相関する傾向がある。つまり，同じモル濃度で毒性を比較するようにすると $\log P_{ow}$ 値が大きい（極性が小さい）アルコールのほうが毒性が強い傾向がある。モル濃度で比較した場合のこの傾向は，アルコールのみならず他の多くの有機溶媒でも同様であると考えられる。また，細胞内への有機溶媒蓄積量と生育阻害効果は相関があり，有機溶媒の細胞内（主に細胞質膜と考えられる）に蓄積するほど，生育阻害効果は大きくなる。細胞質膜には，電子伝達系，ATP 合成酵素，イオンや栄養素の輸送系に関わるタンパク質が存在し，プロトン濃度勾配や膜電位などの生命活動に必須の機能がある。有機溶媒が細胞質膜に多量に蓄積すると，これらの機能が破壊され，細胞は生命活動を維持できなくなることが考えられる。一般的に，$\log P_{ow}$ 値が2から4の有機溶媒が生体膜に蓄積しやすく，多くの微生物に対して毒性が強い。$\log P_{ow}$ 値が2よりも小さい有機溶媒は，生体膜を容易に通過することができ，膜に蓄積しにくくなるため，毒性は低くなる。また，$\log P_{ow}$ 値が4よりも大きい有機溶媒は，水溶性が著しく低いため，毒性は低い。

9.4 有機溶媒の微生物に対する毒性

微生物の有機溶媒耐性度について**表9.1**にまとめた。微生物の有機溶媒耐性は，微生物の種類によって大きく異なる。先に述べた *P. putida* IH-2000 株は，$\log P_{ow}$ が2.6のトルエン存在下でも生育できるうえ，$\log P_{ow}$ が2.6よりも大きいさまざまな有機溶媒存在下で生育することができる。同様に，個々の微生物は，ある値（指標 $\log P_{ow}$ 値）以上の $\log P_{ow}$ を示す有機溶媒存在下において生育が可能である。したがって，指標 $\log P_{ow}$ 値がわかればその微生物がどのような有機溶媒に耐性であるのか予想することができる。ただし，この生育

表9.1 微生物の有機溶媒耐性度

	有機溶媒							
	DD (7.0)	N (5.5)	O (4.9)	CO (4.5)	H (3.9)	CH (3.4)	pX (3.1)	T (2.6)	B (2.1)
Pseudomonas putida IH-2000	+	+	+	+	+	+	+	+	−
Pseudomonas putida IFO3738	+	+	+	+	+	+	+	−	−
Escherichia coli OST3121	+	+	+	+	+	+	+	−	−
Pseudomonas fluorescens IFO3057	+	+	+	+	+	+	−	−	−
Escherichia coli OST3408	+	+	+	+	+	+	−	−	−
Klebsiella pneumoniae IFO3317	+	+	+	+	+	+	−	−	−
Serratia marcescens IFO3406	+	+	+	+	+	−	−	−	−
Escherichia coli JA300	+	+	+	+	+	−	−	−	−
Achromobacter delicatulus LAM1433	+	+	+	+	−	−	−	−	−
Alcaligenes faecalis JCM1474	+	+	+	+	−	−	−	−	−
Agrobacterium tumefaciens IFO3058	+	+	+	−	−	−	−	−	−
Bacillus subtilis AHU1219	+	+	+	−	−	−	−	−	−
Staphylococcus epidermidis IFO3762	+	+	−	−	−	−	−	−	−
Saccharomyces cerevisiae IFO0213	+	+	−	−	−	−	−	−	−
Bacillus circulans IFO3329	+	−	−	−	−	−	−	−	−
Corynebacterium glutamicum JCM1318	+	−	−	−	−	−	−	−	−
Rhodococcus equi IFO3730	+	−	−	−	−	−	−	−	−
Saccharomyces uvarum ATCC26602	+	−	−	−	−	−	−	−	−

〔注〕 各有機溶媒を重層したLBGMg寒天培地上で生育した場合を+，生育しなかった場合を−で示した。（ ）内の数値は $\log P_{ow}$ 値を示す。DD：ドデカン，N：ノナン，O：オクタン，CO：シクロオクタン，H：ヘキサン，CH：シクロヘキサン，pX：*p*-キシレン，T：トルエン，B：ベンゼン．

阻害−$\log P_{ow}$の相関則は経験則であり，例外も存在する．細菌の場合，一般的に，グラム陰性細菌のほうがグラム陽性細菌よりもさまざまな疎水性有機溶媒に対して耐性である．これは，細胞表層構造の違いに起因するものと考えられる．

9.5　大腸菌の有機溶媒耐性

青野力三博士らによって，大腸菌の**有機溶媒耐性**機構が調べられている[3]．大腸菌は *Pseudomonas* 属細菌に準じて有機溶媒耐性度が高く，また，遺伝学や生化学の知見が豊富であるため，細菌の有機溶媒耐性機構を調べるためのモデルとして用いられている．大腸菌の有機溶媒耐性度は，Ca^{2+}, Sr^{2+}, Ba^{2+}などのアルカリ土類金属イオンやMg^{2+}を5〜10 mM添加することによって顕著に向上する．一方，EDTAなどのキレート剤を添加すると有機溶媒耐性度が著しく低下する．上記の金属イオンは，膜表層の陰性分子（リポ多糖，リン脂質など）間の電気的反発を消去して表層構造を安定化することによって，溶媒耐性度を向上させると考えられている．Mg^{2+}を含むLBGMg培地（トリプトン1%，酵母エキス0.5%，塩化ナトリウム1%，グルコース0.1%，硫酸マグネシウム10 mM）を用いて，大腸菌K-12株由来のJA300株の有機溶媒耐性が調べられた（表9.1）．JA300株は，溶媒無添加の場合と比べて，生育頻度は低下するもののn-ヘキサン（$\log P_{ow}$ 3.9）を重層したLBGMg寒天培地上で生育可能である．また，シクロオクタン，オクタン，ノナン，デカンなどの$\log P_{ow}$値が3.9以上の溶媒を重層した寒天培地上では，生育頻度の低下は認められない．一方，シクロヘキサン（$\log P_{ow}$ 3.4）を重層した寒天培地上では，生育頻度は著しく低下し，約10^{-6}〜10^{-5}の低頻度の生育を示す．さらに，p-キシレン（$\log P_{ow}$ 3.1）やトルエン（$\log P_{ow}$ 2.6）重層下では，生育できない．

JA300株が親株として用いられ，シクロヘキサン存在下でも高い頻度で生育できるOST3408株などの有機溶媒耐性変異株が取得されている．また，変異剤処理により，p-キシレン存在下でも生育可能なOST3121株も取得されている．

9.6 グラム陰性細菌の疎水性有機溶媒耐性機構

これまでに,トルエン,キシレン,スチレンなどに耐性の*Pseudomonas putida*やシクロヘキサン耐性の大腸菌変異株などの研究により,グラム陰性細菌の有機溶媒耐性機構が報告されている[2),4)]。これらの有機溶媒耐性機構について,以下にまとめた(図9.2)。

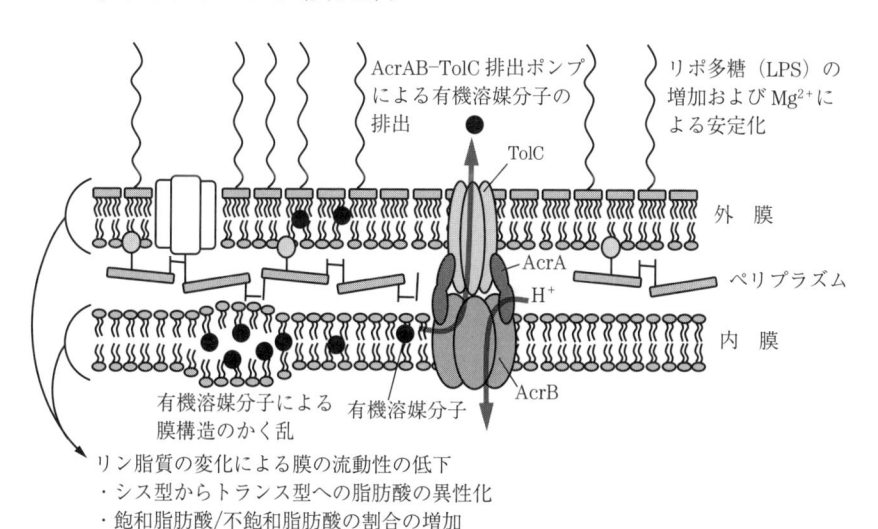

図9.2 グラム陰性細菌の細胞表層構造と有機溶媒耐性機構(排出ポンプは大腸菌の場合を示す)

9.6.1 RND型薬剤排出ポンプ

細菌の薬剤排出システムはその構造および共役するエネルギーの違いから**ABC**(ATP-binding cassette)型,**RND**(resistance-nodulation-division)型,**MF**(major facilitator)型,**SMR**(small multidrug resistance)型,**MATE**(multidrug and toxic efflux)型の五つの**ファミリー**に大きく分類される。このうち,*Pseudomonas*属細菌や大腸菌などのグラム陰性細菌の場合には,RND

ファミリーに属する**薬剤排出ポンプ**が有機溶媒耐性に関与する。RND型の排出ポンプは，内膜に存在する**トランスポーター**，外膜に存在する**チャネル**およびそれらをつないでいる**アダプタータンパク質**からなる。大腸菌の場合には，この薬剤排出ポンプとして AcrAB-TolC が知られている。AcrB は内膜コンポーネント，TolC は外膜コンポーネントであり，AcrA は，AcrB と TolC との複合体の周辺部にあって，内膜と外膜を引き付けることで複合体形成を補強する役割をしていると考えられている。これら三者複合体は膜貫通型の薬剤排出ポンプを形成し，プロトン駆動力をエネルギー源として薬剤を菌体外へ排出する。AcrAB-TolC 排出ポンプは抗生物質，色素，界面活性剤などの多様な物質を排出し，これらに対する耐性を付与する。また，シクロヘキサン，n-ヘキサン，ヘプタンなどの疎水性有機溶媒を排出することによって有機溶媒耐性にも寄与する。また，AcrAB-TolC ポンプ以外に，AcrEF-TolC ポンプによっても溶媒耐性化する。AcrEF は AcrAB のホモログ（類似性のあるタンパク質）である。

　大腸菌の場合，*acrAB* と *tolC* が高発現化すると有機溶媒耐性が向上する。*acrAB* や *tolC* の発現には，MarA，SoxS，Rob などの**転写制御因子（アクチベーター）**が関わっており，これらが高発現化すると，*acrAB* や *tolC* を含む **mar-sox レギュロン**と呼ばれる一連の遺伝子群の転写を活性化する。*marA* の発現は，MarR によって抑制されているので，*marR* 遺伝子に変異が生じることにより，*marA* 発現が脱抑制され，MarA タンパクが高発現される。また，*acrAB* は AcrR によっても発現が制御されている。したがって，*marR* と *acrR* の両遺伝子に変異が導入され，MarR や AcrR が失活すると，*acrAB* や *tolC* の高発現化し，高度に溶媒耐性化する。

　大腸菌の場合と同様な RND 型排出ポンプが *Pseudomonas* 属細菌にも存在する。*P. putida* S12 株では，RND 型ポンプの SrpABC が有機溶媒を排出することが報告されている。また，*P. putida* DOT-T1E 株では，TtgABC，TtgDEF，TtgGHI の三つのポンプが報告されている。TtgABC と TtgGHI は，トルエン，スチレン，キシレン，エチルベンゼン，プロピルベンゼンなどを排

出するが，TtgDEF はトルエンとスチレンのみの排出に関与する．さらに，*P. aeruginosa* では，MexAB-OprM 多剤排出ポンプが有機溶媒耐性に関与することが報告されている．これら *Pseudomonas* 属細菌由来の RND 型排出ポンプは，大腸菌の AcrAB-TolC ポンプとアミノ酸レベルで 58～77％の相同性がある．

9.6.2 リン脂質

Pseudomonas 属細菌を用いた研究では，有機溶媒に細菌をさらした場合に，以下に示すような**リン脂質**の組成が変化することが報告されている．

(1) シス型からトランス型への脂肪酸の異性化　　有機溶媒が膜に蓄積すると膜の流動性が増加すると考えられるが，有機溶媒にさらされた菌株は，トランス型の不飽和脂肪酸の割合がシス型よりも増加し，膜の流動性を低下させている．*P. putida* DOT-T1E 株の Cti（不飽和脂肪酸のシス体からトランス体への異性化酵素）欠損株では，有機溶媒耐性が低下した．

(2) 飽和脂肪酸／不飽和脂肪酸の割合の変化　　有機溶媒にさらされた菌株は，飽和脂肪酸の割合が増加する．これも，上記の場合と同様に，有機溶媒による膜の流動性の増加を抑えるためであると考えられる．

(3) リン脂質頭部の変化　　*P. putida* S12 株では，トルエン存在下において，カルジオリピン（CL）が増加し，ホスファチジルエタノールアミン（PE）が低下することが報告されている．CL の相転移温度は PE よりも高いことから，この変化により，膜の流動性が低下し，膜構造が安定化したことが考えられる．

9.6.3 リポ多糖

グラム陰性細菌の**リポ多糖**（**LPS**）は外膜の主要な構成成分であり，物質透過を制限する障壁となる．大腸菌の有機溶媒耐性化した変異株では LPS の増加が認められている．また，リポ多糖の輸送に関わり生育に必須な OstA とい

うタンパク質が，大腸菌の有機溶媒耐性に関与することが報告されている。一方，有機溶媒に曝露した後の P. putida の LPS の変化が調べられているが，この場合には，LPS が溶媒の侵入を低減させる効果は認められていない。

9.6.4 その他の有機溶媒耐性機構

大腸菌の浸透圧調節に関与する proV を欠損させると，大腸菌変異株の有機溶媒耐性度が向上する。ProV は，高浸透圧下における適合溶質として知られる，グリシンベタインなどの取込みに関わるトランスポーターである。このトランスポーターにより取り込まれるグリシンベタインやその他の培地成分が，有機溶媒に対する感受性を高めている可能性がある。

大腸菌の有機溶媒耐性変異株などを用いたトランスクリプトーム解析により，glycerol-3-phosphate dehydrogenase をコードする glpC や，糖の輸送に関与する manXYZ などの炭素代謝に関与する複数の遺伝子が，有機溶媒耐性に関与することが報告されている。また，炭素代謝に関わる転写制御因子の有機溶媒耐性への関与が調べられた結果，crp や cyaA などのカタボライト制御に関わる転写制御因子の溶媒耐性への関与が示されている。

9.7 有機溶媒耐性微生物の有機溶媒-培養液の二相反応系への応用

一般に無機触媒のような非生体触媒による化学反応は，高温・高圧の条件を要する。一方，生体触媒は，反応特異性と基質選択性に優れ，常温・常圧の穏和な条件で機能することから，生体触媒を化学製品の製造プロセスに導入すると，多数の反応工程を必要とする製造プロセスが簡略化され，省資源・省エネルギー化が図れる。疎水性の化学製品原料を用いる場合には，原料を有機溶媒に溶解して反応系に添加する方法がある。微生物を生体触媒として使用して，このような疎水性物質の変換反応を実施する場合には，**有機溶媒-培養液の二相反応系**が用いられる。補酵素の再生を必要とするような生菌体を用いた生体

触媒反応を，有機溶媒存在下で実施すると，有機溶媒の毒性により補酵素が再生されなくなることから，反応効率は著しく低下する。有機溶媒存在下で効率よく変換反応を行うためには，有機溶媒存在下でも生育可能な有機溶媒耐性微生物が必要となる[5]。

9.7.1 有機溶媒-培養液の二相反応系

水系の反応系において生体触媒を用いた疎水性基質の変換反応を実施すると，基質の溶解性が低いため，反応速度は一般的に遅くなる。また，基質が凝集して沈殿することから，変換効率は低くなる。変換速度や変換効率を向上させるために，界面活性剤を用いて基質を溶解させるなどの工夫がなされている。しかし，界面活性剤を用いた場合には，反応液からの産物の抽出や回収操作が煩雑になる。疎水性基質の溶解性を高めるため，反応系に有機溶媒を添加した有機溶媒-培養液の二相反応系を用いる方法がある（**図9.3**）。二相反応系の利点を以下にまとめた。

(1) 基質を高濃度に有機溶媒に溶解して反応液に添加することができるため，反応規模の縮小ができる。
(2) 疎水性の生産物が有機溶媒相から容易に回収できる。
(3) 疎水性生産物の濃縮あるいは精製操作も有機溶媒相から容易に行うことができる。

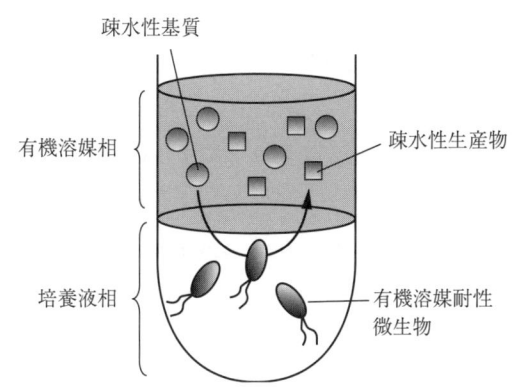

図9.3 有機溶媒-培養液の二相反応系

(4) 微生物の生育あるいは酵素活性に対する基質および生成物による阻害などが解除される。
(5) 基質や生産物の加水分解が抑制できる。
(6) 微生物汚染が防止できる。
(7) 発泡が抑制できる。

一方，欠点を以下に挙げた。
(1) 有機溶媒の種類によっては，微生物の生育あるいは酵素活性が阻害される。
(2) 有機溶媒を使用するリアクターの安全性確保のための装置を必要する。
(3) 有機溶媒に汚染された廃棄物に対する処理が必要となる。

二相反応系に用いる有機溶媒については，基質や生産物の溶解性が高く，微生物分解性がなく，危険性が低く，安価であり，微生物に対する毒性が低いものを選択する必要がある。

さまざまな有機溶媒存在下で生育できる有機溶媒耐性微生物の特性は，使用できる有機溶媒の選択肢が増えることから，二相系における物質生産反応に有用である。有機溶媒−培養液の二相反応系に使用できる有機溶媒耐性微生物を得るためには，① 目的の触媒活性を有する有機溶媒耐性微生物を自然界から探索する，② 目的の触媒活性をコードする遺伝子を有機溶媒耐性微生物に導入した組換え体を作製する，という二つの方法が考えられる。

9.7.2 有機溶媒−培養液の二相反応系の応用例

これまでに，有機溶媒耐性微生物を有機溶媒−培養液の二相反応系に用いた研究が報告されている。これらの報告例の一部を**表9.2**にまとめた。

Pseudomonas putida ST-491によるステロイドホルモン前駆体の生産では，基質のリトコール酸は培養液中に存在しているが，Androsta-1, 4-diene-3, 17-diene（ADD）のようなステロイドホルモン前駆体に変換されると，ADDは疎水性のため有機溶媒相に抽出される。このため生産物のみが有機溶媒相に蓄積し，生産物の回収が容易に行える。

9.7 有機溶媒耐性微生物の有機溶媒-培養液の二相反応系への応用

表9.2 有機溶媒-培養液の二相反応系における有機溶媒耐性微生物の応用例

微生物	変換反応	使用有機溶媒
Burkholderia cepacia ST-200	コレステロールの酸化修飾	ジフェニルメタンと *p*-キシレンの混合溶媒
Pseudomonas putida ST-491	リトコール酸からのステロイドホルモン前駆体（Androsta-4-dien-3, 17-dione など）の生産	ジフェニルエーテル
Acinetobacter sp. ST-550	インドールからインディゴの生産	ジフェニルメタン
Pseudomonas putida MC2	トルエンから3-メチルカテコールの生産	オクタノール
Pseudomonas putida S12	グルコースからフェノールの生産	オクタノール
Bacillus sp. DS-1906	多環式芳香族化合物（ナフタレン，フェナントレン，アントラセン，ピレン，クリセン，1,2-ベンゾピレンなど）の分解	*n*-ヘキサン
Pseudomonas putida A4	ジベンゾチオフェンの分解	*p*-キシレン

　また，基質や生産物の生育阻害効果を低減させるために有機溶媒-培養液の二相反応系を用いた例がある。二相反応系では，有機溶媒に易溶性の基質や生産物はその大部分が有機溶媒相に分配するので，水相中の基質や生産物を低濃度に保つことができる。この結果，基質や生産物の微生物に対する生育阻害効果を低減させ，効率的な物質生産を実施することができる。このような二相反応系の例として，*Acinetobacter* sp. ST-550株によるインドールからインディゴ（青色染料）の生産や *Pseudomonas putida* MC2株によるトルエンから3-メチルカテコールの生産，*Pseudomonas putida* S12株によるグルコースからフェノールの生産が挙げられる。グルコースからフェノールの生産は，バイオマスから石油製品を生産する試みである。また，石油やジベンゾチオフェンなどの環境汚染物質の分解などにも，有機溶媒耐性微生物による有機溶媒-培養液の二相反応系が用いられている。

9.8 バイオ燃料の生産

近年，世界的なエネルギー危機の問題から，バイオ燃料が注目されている。組換え大腸菌などを用いたバイオ燃料の生産が報告されているが，これらバイオ燃料の中には，エタノール，プロパノール，ブタノールなどの親水性有機溶媒の他に，比較的炭素鎖が長く，疎水性度の高いアルコールの生産も報告されている。疎水性度の高いアルコールの生産には，上述した疎水性有機溶媒耐性菌が有用であると考えられる。

9.9 有機溶媒耐性酵素

有機溶媒存在下における物質生産に，微生物と同様に酵素を用いることが期待されている。酵素は有機溶媒存在下では不安定となり失活する場合があるため，有機溶媒耐性酵素が望まれている。有機溶媒を添加した培地を用いて生育できる有機溶媒耐性微生物から有機溶媒耐性酵素が探索されており，有機溶媒耐性のプロテアーゼ（*Pseudomonas aeruginosa* 由来），リパーゼ（*Pseudomonas aeruginosa* 由来），アミラーゼ（*Paenibacillus illinoinensis* 由来），コレステロールオキシダーゼ（*Burkholderia cepacia* 由来）などが報告されている[6]。また，有機溶媒耐性酵素は，有機溶媒耐性微生物由来のみならず，超好熱菌や好塩菌，その他多様な微生物由来の酵素も報告されている。

引用・参考文献

1) A. Inoue and K. Horikoshi：A *Pseudomonas* thrives in high concentrations of toluene, Nature, **338**, pp.264-266（1989）
2) K. Horikoshi, G. Antranikian, A.T. Bull, F.T. Robb and K.O. Stetter（Eds.）：Extremophiles Handbook, 8.4, pp.991-1011, Springer（2010）
3) K. Horikoshi and W.D. Grant（Eds.）：Extremophiles, Microbial Life in Extreme Environments, pp.287-310, Wiley-Liss（1998）
4) J.L. Ramos, E. Duque, M.T. Gallegos, P. Godoy, M.I. Ramos-Gonzalez, A. Rojas, W. Teran and A. Segura：Mechanisms of solvent tolerance in gram-negative bacteria, Annu. Rev. Microbiol, **56**, pp.743-768（2002）
5) 今中忠行 監修：極限環境生物の産業展開，シーエムシー出版，第7章 pp.131-139（2012）
6) N. Doukyu and H. Ogino：Organic solvent-tolerant enzymes, Biochem. Eng. J., **48**, pp.270-282（2010）

10 難分解性有機物分解微生物（含む環境浄化）

10.1 環境を汚染する物質

　科学の発展により，人類の生活環境は高度化・複雑化してきた。その過程において，多様な化学物質が生み出され，その一部は大気圏，水圏，土壌へと放出・廃棄された。この結果，さまざまな場所で化学物質による汚染が問題となっている。本章では，まずさまざまな環境汚染物質について概説し，つづいて，微生物による環境汚染物質の浄化について述べる。本章で取り上げる微生物は必ずしもすべてが極限環境微生物ではないが，以降で述べるように，重金属の回収には好熱性細菌が用いられ，金属の採掘・精錬には好酸性菌が利用されている。また，9章で述べたように，有機溶媒耐性微生物による環境汚染物質分解が期待されている。

10.1.1 大気汚染物質

　大気汚染物質として，**硫黄酸化物**，**窒素酸化物**，**光化学オキシダント**（オゾン，硫酸ペルオキシアシルなど），**浮遊粒子状物質**（粒径 10 μm 以下の粒子）などがある。硫黄酸化物や窒素酸化物は，酸性雨の原因物質である。これらが大気中の水や酸素と反応することによって硫酸や硝酸などの強酸が生じ，雨を通常よりも強い酸性にする。

10.1.2 硫黄酸化物

大気汚染物質となる硫黄酸化物であるSO_2やSO_3は，**SOx**（ソックス）と呼ばれる。自然界では，火山の噴火・噴煙などから発生する。一方，石油や石炭など化石燃料の燃焼や金属の精錬などの産業活動からも発生する。

10.1.3 窒素酸化物

NOやNO$_2$は，**NOx**（ノックス）と総称される大気汚染物質である。自然界では，雷による放電，土壌中での有機物の微生物分解，アンモニアの酸化などにより発生する。人為的には，空気中での燃焼反応に伴う窒素の酸化，窒素を含む化石燃料の燃焼，土壌中の肥料の分解などにより発生する。

10.1.4 重金属

水銀，カドミウム，鉛，銅，クロムなどの重金属（比重4～5以上の金属）は，電池やメッキの材料として利用される。高度経済成長期には，これら重金属による土壌や地下水，公共用水域などの汚染が多発し，主に工場や鉱山からの廃水などを原因とした産業型公害として深刻化した。現在では，廃水・廃棄物の規制により，環境が汚染されることはないが，土壌中汚染物質の蓄積性という特性により，工場跡地などの再開発などに伴い顕在化する事例がある。

ヒトは重金属をわずかしか代謝できないため，経口吸収などにより急性中毒（発熱・腹痛・嘔吐・下痢・貧血・神経痛）や，肝硬変，脳障害，腎障害，カルシウム代謝異常（イタイイタイ病），粘膜障害，神経障害，肺がん，中枢神経障害（水俣病）などを引き起こす。イタイイタイ病の原因物質は，鉱山廃水に含まれていたカドミウムであった。カドミウムが鉱山近隣の農地に流入し，米や野菜などの農作物に蓄積されたことで，農作物を摂取した人に骨軟化症などの被害が発生した。水俣病の原因物質は，化学工場の廃水に含まれていた有機水銀であり，これが蓄積された魚介類を摂取した人々を中心に患者が発生した。

10.1.5 有機化合物

　農薬，原油，溶剤，産業廃棄物などによる有機化合物の環境汚染物質がある。農薬は散布後に作物や土壌・水などに残留・蓄積し，有害な環境をもたらす。最近の農薬は，低毒性で分解性のよいものが使用されているが，過去にはベンゼンヘキサクロリド（BHC）のように深刻な環境汚染問題を引き起こすものもあった。原油は，採掘，輸送，保管の各過程で環境中へ漏えいする可能性がある。原油タンカーが座礁して多量の原油が海などへ放出された事故が起きている。原油には，脂肪族炭化水素や芳香族炭化水素など多様な有機化合物が含まれている。原油流出が環境に与える影響としては，魚のショック死や海生哺乳類の呼吸阻害，海藻やマングローブの枯死など海洋生態系の破壊が挙げられる。また，人体に与える影響としては，魚など海洋生物に蓄積された発がん物質の摂取などがある。変圧器の絶縁油に用いられていたポリ塩化ビフェニル（PCB）は，PCBを含む製品の投棄などにより，土壌や河川，海などを汚染した。PCBが問題となったのは，食用油に混入したPCBが加熱された油の中でダイオキシンに変化し，これを摂取した人々が肌の異常や肝機能障害などを発症したカネミ油症事件である。現在はPCBの生産は禁止されている。また，発がん性のあるダイオキシンは，都市ゴミや廃油の焼却に伴い発生し，大気中から地上に降下して，周辺土壌を汚染する。また，トリクロロエチレン（TCE）などの揮発性有機塩素化合物は，衣類や電子機器部品などのクリーニング用の溶剤として大量に用いられてきたが，発がん性が疑われることから，これらによる土壌や地下水の汚染が問題になっている。

10.2　微生物による環境浄化

10.2.1　汚染物質分解微生物の分離

　汚染物質分解微生物を探索する際には，目的の微生物が存在しそうな汚染環境などから土壌などの試料を採取し，目的の微生物を効率よく選択できる培地を工夫して用いる必要がある。環境中では汚染物質分解微生物は，必ずしも多

数を占めていない.そこで,単離が可能な状態まで汚染物質分解微生物の数を増加させる必要がある.このような場合には,**集積培養法**(enrichment culture)を用いる.集積培養法とは,微生物の混合集団を,特定の種の存在比を高めながら純培養に導いていく培養法である.例えば,培養液の炭素源をオリーブオイルのみに限定した培地に土壌などの微生物の混合集団を添加すると,徐々にオリーブオイルをよく資化する微生物の存在比が高くなる.集積培養法により目的分解菌の存在比が高まった培養液から,寒天培地上に目的の分解菌のコロニーを形成させて菌を単離する.分解するとコロニーに色がつくなど,目的の分解菌を識別できるように培地を工夫する.この結果,より簡便に目的の分解菌を単離することができる.

10.2.2　土壌汚染の環境修復技術

　産業活動などに起因した土壌汚染の存在やその懸念から売却や利用ができなくなった土地は「**ブラウンフィールド**」と呼ばれる.一方,清浄な土地は「**グリーンフィールド**」と呼ばれている.従来,ブラウンフィールドは土壌を掘削・除去したり,土壌の入替えなどの対処がなされてきたが,高いコストのために,土地が活用されず未利用となることが問題となっている.このような遊休化した土地を再利用するためには,浄化コストを大幅に抑える必要がある.そこで,低コストであり原位置で処理が可能な浄化方法として,微生物機能を利用した汚染物質の分解・除去技術である**バイオレメディエーション**(bioremediation)が注目されている.バイオレメディエーションには,すでに土壌中に生息している微生物に栄養を与えて活性化させ,汚染物質分解を促進し浄化する方法である**バイオスティミュレーション**(biostimulation)と,汚染サイトに汚染物質の分解能をもつ微生物を投入して浄化を行う方法である**バイオオーギュメンテーション**(bioaugmentation)がある(**図 10.1**).環境省の「微生物によるバイオレメディエーション利用指針適合確認状況」の報告によると,バイオレメディエーションによる塩素化エチレン,ダイオキシン,石油類,ベンゼンなどの浄化事業計画がある.

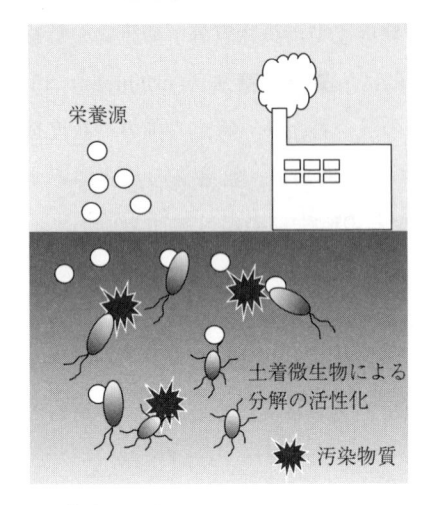

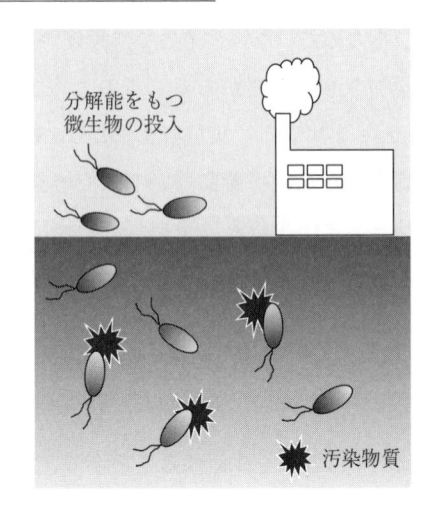

150   10. 難分解性有機物分解微生物（含む環境浄化）

(a) バイオスティミュレーション　　(b) バイオオーギュメンテーション

図 10.1　バイオスティミュレーションとバイオオーギュメンテーション

10.2.3　重金属汚染の浄化

主に水圏における重金属汚染の浄化方法は，金属イオンの「沈殿」と「吸着・蓄積」に大別できる．いずれの場合も，「化学的手法」と「生物的手法」がある．環境微生物を利用して，金属イオンの沈殿を行うことを**バイオプレシピテーション**（bioprecipitation）といい，金属イオンの吸着・蓄積を行うことをバイオソープション（biosorption）または**バイオアキュミュレーション**（bioaccumulation）という．

〔1〕**バイオプレシピテーション**　　*Desulfovibrio* 属細菌などの硫酸還元菌などの環境微生物は金属イオンを不溶化させる．硫酸還元菌は，水底の嫌気的条件において，酸素の代わりに硫酸イオン SO_4^{2-} を最終電子受容体として硫酸呼吸を行い，硫酸イオンを硫化水素 H_2S または硫化物イオン S^{2-} に還元する．放出された硫化物イオンは重金属陽イオンと結合して硫化物沈殿を生じる．

〔2〕**バイオソープション（バイオアキュミュレーション）**　　細菌，酵母，

真菌類，藻類などの微生物の細胞壁やリポ多糖は，重金属などの陽イオンを吸着する。また，*Klebsiella* 属や *Pseudomonas* 属細菌などの微生物は金属結合性タンパク質である**メタロチオネイン**（metallothionein）を生産する。メタロチオネインは，-SH 基をもつシステインを豊富に含み，Cd^{2+}，Cu^{2+}，Zn^{2+} などの金属イオンに結合できる。

その他のバイオソープションの応用として，放射性核種の廃水処理，海水中に微量に含まれている有用金属の濃縮と回収，鉱山からの金属の回収などが検討されている。好熱性菌では，*Sulfolobus* 属の古細菌がヒ素を吸着することが報告されている。また，好熱性真菌 *Talaromyces emersonii* CBS 814.70 株は，高いウラン吸着能を示す。この株は，最大で 323 mg/g 乾燥重量のウラン吸着能を示した。海水に加えたウランでも効率よく吸着するので，海水中からウランを回収するなどの有効利用が期待されている。

〔3〕 **バクテリアリーチング**　　重金属汚染の浄化とは異なる内容であるが，金属の採掘・精錬に役立つ微生物がいる。多くの金属は鉱石の中で硫化物（sulfide）になっている。硫化物は水に溶けにくい。鉱石中の金属含有率が低い場合，従来の化学的手段で金属を溶かし出すには消費エネルギーが大きく不経済だったが，細菌を利用する方法が実用化され，**細菌採鉱法**（**バクテリアリーチング**，bacterial leaching）と呼ばれている。世界の銅の約20％は，微生物を利用して生産されている。

銅鉱山の坑内で，酸性の水が流出し，その中に常住する好酸性の鉄細菌（*Acidithiobacillus ferrooxidans*）が硫黄などを酸化して硫酸を生成し，それが銅鉱石中の銅を硫酸銅という可溶性の物質にして溶出していることがわかった。また，Fe^{3+} が酸化剤として働くことにより，銅鉱石中に含まれる硫化銅（CuS）は酸化され，Fe^{2+} が生成する（式 (5.1)）。

酸性溶液中の Fe^{2+} はそのままでは酸化されにくいが，*Acidithiobacillus ferrooxidans* が生息する酸化槽では速やかに酸化される。この液をポンプでくみ上げ再び散布して銅イオンの回収に再利用する。バクテリアリーチングは，日本ではあまり利用されていないが，世界的には銅以外にもモリブデン，ビスマ

ス，亜鉛，ウラン，金などの貴重な金属の浸出（しんしゅつ）に利用されている。

10.2.4 微生物による有機化合物の分解性

ある有機化合物が分解されにくいかどうかは，その構造によって一般的な傾向がある。脂肪族炭化水素の場合，鎖長がある程度長く，分枝がないもののほうが分解されやすい。また，官能基をもたない炭化水素より，分子に極性を与えるような官能基をもつ化合物のほうが分解されやすい。ただし，ハロゲン基をもっている化合物は分解されにくい。また，芳香族化合物の場合には，環の数が少ないもののほうが分解されやすい。

10.2.5 脂肪族炭化水素の分解

直鎖状炭化水素である n-アルカンは，石油類に含まれる主要な脂肪族炭化水素である。n-アルカンは炭素鎖の末端から酸化され，分解されていく。最初に末端のメチル基（$-CH_3$）に一酸素原子が添加されアルコール（$-CH_2OH$）に変換される。生成したアルコール化合物はアルデヒド（$-CHO$），カルボン酸（$-COOH$）へと酸化され，**β酸化**（β-oxidation）によって代謝される。β酸化というのは，直鎖の有機酸が 2 炭素原子単位ずつアセチル CoA という化合物として順次切り出されていく反応である。末端のメチル基への酸素原子の添加はアルカンヒドロキシラーゼが，アルコールからアルデヒドへの反応にはアルコールデヒドロゲナーゼが，アルデヒドからカルボン酸への反応にはアルデヒドデヒドロゲナーゼが触媒する。

10.2.6 芳香族化合物（ベンゼン）の分解

ベンゼン，トルエン，ナフタレンなど種々の芳香族炭化水素が石油類に含まれている。これらを分解できる微生物は自然界に広く分布する。一般的に細菌による芳香族化合物の代謝は，① 芳香環への 2 個の水酸基の導入，② 水酸化された芳香環の開裂，③ 環開裂物質の TCA 回路中間体への代謝，の三つから構成される。

例えば，ベンゼンの分解は，ベンゼン環に2個の隣接した水酸基が導入されることによって始まる（図10.2）。ベンゼン環の水酸化によってカテコールが生成された後，ベンゼン環の開裂が起こる。開裂反応には，開裂の起こる位置によって二つの水酸基の間で開裂が起こる**オルト開裂**と，二つの水酸基の隣で開裂が起こる**メタ開裂**がある。開裂によって生じた化合物は，それぞれ**オルト開裂経路**，**メタ開裂経路**という代謝経路を経て，最終的には**TCA回路中間体**として代謝される。

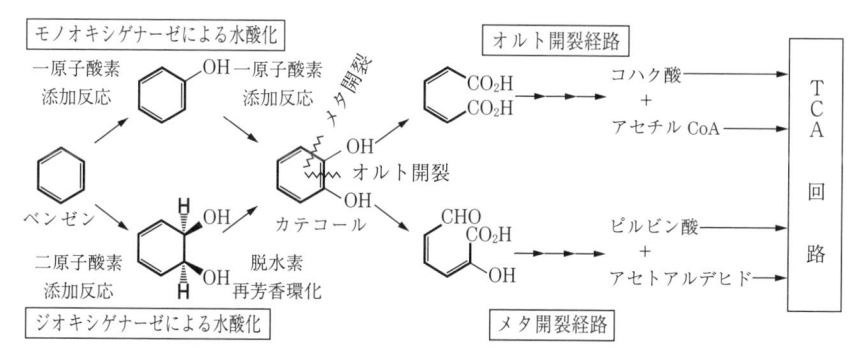

図10.2 細菌によるベンゼンの分解

芳香環への二水酸基の導入は**酸素添加酵素**（oxygenase, **オキシゲナーゼ**）によって触媒される。オキシゲナーゼは酸素分子を利用するが，酸素分子の二つの原子を基質に導入する**二酸素添加酵素**（dioxygenase, **ジオキシゲナーゼ**）と酸素分子の一原子を基質に導入する**一酸素添加酵素**（monooxygenase, **モノオキシゲナーゼ**）がある。一酸素添加酵素の場合，基質に導入されなかった残りの1個の酸素原子は，NAD(P)Hによって還元されて水となる。

10.2.7 芳香族化合物（酸性雨の原因物質）の分解

SOxの発生は，石油や石炭に含まれるジベンゾチオフェンなどのチオフェン環を含む有機化合物の燃焼が原因である。微生物を用いて石油などから硫黄分を除去することを**バイオ脱硫**という。*Rhodococcus* 属細菌によるジベンゾチオフェンの分解では，チオフェン環の硫黄原子が酸化された後，硫酸イオン

154　10. 難分解性有機物分解微生物（含む環境浄化）

として除去される（図10.3）。バイオ脱硫プロセスは，既存のプロセスでは脱硫できない石油中の硫黄化合物を除去できること，常温常圧反応であること，二酸化炭素発生量が既存プロセスよりも少ないことなどの利点がある。一方，NOxの発生は，カルバゾールなどの窒素化合物を含む化石燃料の燃焼が原因である。*Pseudomonas* 属細菌によるカルバゾールの分解が知られている（図10.4）。分解反応の最初の分解ステップは，ジオキシゲナーゼによる水酸化反応である。その後，アントラニル酸と2-ヒドロキシ-2,4-ペンタジエン酸に分解される。アントラニル酸はカテコールを経てTCA回路中間体となり代謝される。

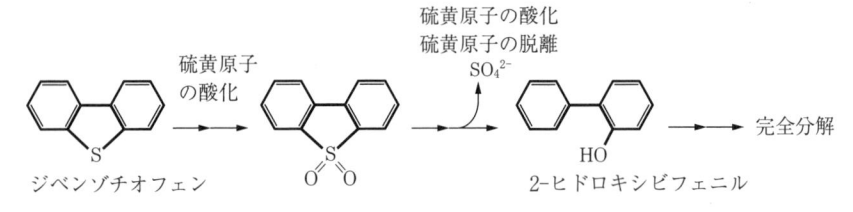

図10.3 *Rhodococcus rhodochrous* IGTS8株によるジベンゾチオフェンの分解

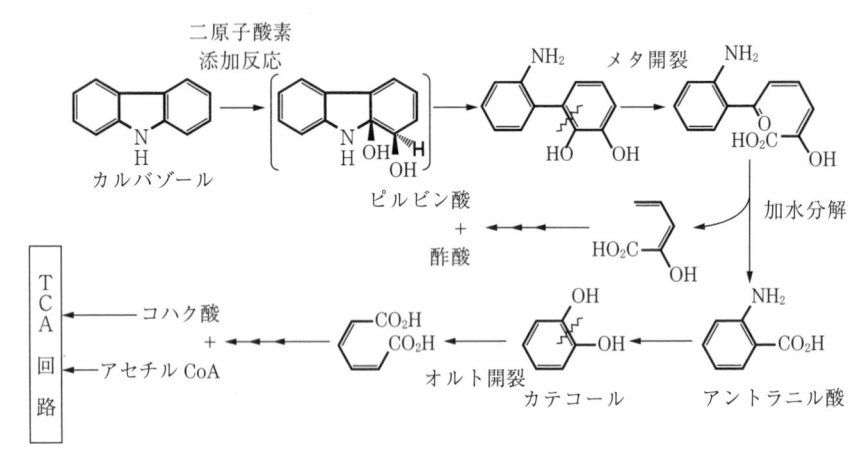

図10.4 *Pseudomonas resinovorans* CA10株によるカルバゾールの分解

引用・参考文献

1) 大森俊雄,堀之内正枝,野尻秀昭,春日　和:環境微生物学―環境バイオテクノロジー,昭晃堂（2000）
2) 久保　幹,久保田謙三,今中忠行,森崎久雄:環境微生物学―地球環境を守る微生物の役割と応用,化学同人（2011）

11 放射線耐性微生物

11.1 放射線と放射能

　1895年レントゲン（Röntgen）は陰極管を用いた気体放電の実験からX線を発見し，翌年ベクレル（Becquerel）はウラン化合物が**放射能**（radioactivity）をもつことを発見した。1898年キューリー（Curie）夫妻はトリウムにも放射能があることを見出すとともに，強い放射能をもつポロニウムとラジウムを発見した。同年ラザフォード（Rutherford）はウランから放出される2種類の**放射線**（radiation）をα線とβ線と命名した。1900年ヴィラール（Villard）はウランから放出されるもう1種類の放射線を発見し，1903年ラザフォードはそれをγ線と命名した。

　放射線とは，物質を通過するときに原子・分子を電離する能力をもつ電磁波，または粒子線の総称である。**電離放射線**（ionizing radiation）といったほうがより正確であるが，一般的には単に放射線といわれることが多い。一方，放射能とは，放射線を出す能力のことをいい，ウランやトリウムなど，放射能をもつ物質を**放射性物質**（radioactive substance）という。放射性物質から放射線が出ることを，他の現象に例えると，線香花火の火球から火花が出るようなものと考えることができる。

　放射性物質は放射線を出しながら，不安定な状態から放射線が出ない安定な状態に変化する。これも，線香花火から火花が出ると徐々に火球が小さくなり，火花を出さなくなるのと似ている。放射性物質の放射能が半分になるまで

11.1 放射線と放射能

の時間を**半減期**（half period）という。半減期は，放射性物質の種類によって異なる。ルビジウム 87 の半減期は約 488 億年，一方，リチウム 8 の半減期は約 0.8 秒である。

放射線は電磁波と粒子線の二つに分けられる（**図 11.1**）。X 線，γ 線は，紫外線よりも波長の短い電磁波である。α 線と β 線は粒子線の一種であり，α 線の実体はヘリウムの原子核，β 線の実体は電子である。粒子線には，この他に，陽子線，陽電子線，重粒子線，中性子線などがある。

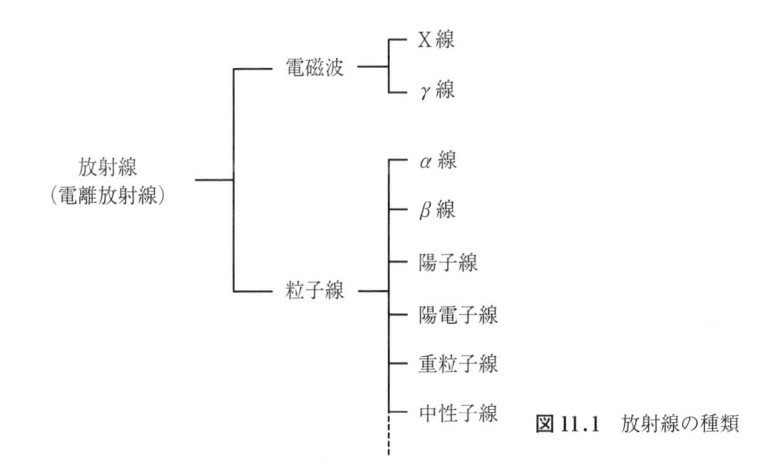

```
                    ┌─ X 線
         ┌─ 電磁波 ─┤
         │          └─ γ 線
放射線 ──┤
(電離放射線)         ┌─ α 線
         │          ├─ β 線
         │          ├─ 陽子線
         └─ 粒子線 ─┤
                    ├─ 陽電子線
                    ├─ 重粒子線
                    └─ 中性子線
```

図 11.1 放射線の種類

放射線の強さは，**吸収線量**（absorbed dose），すなわち 1 kg の物質中に吸収されたエネルギーで表され，国際単位系（SI）では Gy（グレイ）という固有の単位が採用されている。したがって，1 Gy を他の SI 単位で表すと 1 J/kg となる。生体の被曝による生物学的影響の大きさは，吸収線量に放射線加重係数を掛けた**等価線量**（equivalent dose）で表し，単位は Sv（シーベルト）である。

生体が受ける吸収線量が同じ場合でも，放射線の性質の違いによって生体への影響が異なるので，生体への影響を同じ尺度で評価するために設定された係数が**放射線加重係数**（radiation weighting factor）である。X 線，γ 線，β 線の放射線過重係数は 1 であり，吸収線量 1 Gy の放射線を受けた際の等価線量は

1 Sv である。一方，α線の放射線過重係数は 20 であり，吸収線量 1 Gy の放射線を受けた際の等価線量は 20 Sv となる。

　放射性物質の放射能量は，1 秒間に一つの原子核が崩壊して放射線を出す放射能量で表され，SI 単位として Bq（ベクレル）という単位が採用されている。1 kg の牛肉には，天然の放射性物質であるカリウム 40 が 100 Bq 程度含まれている。乾燥ビール酵母と乾燥寒天のカリウム 40 由来の放射能量は，それぞれ 570 Bq/kg と 15 Bq/kg である。牛肉エキス，酵母抽出物，寒天は，どれも微生物の培地成分としてよく用いられる。

11.2　地球環境と放射線

　宇宙の始まりは，いまから約 138 億年前に起きた**ビッグバン**（Big Bang）と考えられている。ビッグバン直後の宇宙は，超高温の素粒子（クォーク，ニュートリノ，陽子，電子，中性子など）と高いエネルギーをもつ電磁波がごちゃ混ぜになったスープのようなものであり，それが急速に膨張していった。宇宙の初めは，まさに放射線であったことになる。その後，10 億年くらいかかって銀河系ができ，いまから約 46 億年前に太陽ができ，そして地球が誕生した。

　他の星と同様に，原始地球での全放射能は非常に高かった。原始地球の内部には，超新星爆発や恒星での元素合成反応を起源とするさまざまな元素が含まれており，そこには多くの放射性物質が存在していた。また，原始地球の大気中では，**宇宙放射線**（space radiation）の衝突による放射性物質の新たな生成が起こり，原始地球に分散していった。

　現在の地球に存在する天然の放射性物質の主なものは，長い半減期をもち，地球誕生時から地殻中に存在してきたカリウム 40，ルビジウム 87，ウラン 238，ウラン 235，およびトリウム 232 である。宇宙放射線は，現在でも大気との相互作用によって微量ながら新たな放射性物質を生成しており，宇宙放射線の一部は，直接地上に降り注いでいる。岩石，土壌，水，大気，食物など，

地球上のほとんどすべての物質中には，多かれ少なかれ天然放射性物質が含まれている．自然放射線から受ける年間放射線量（世界平均）を**図 11.2** に示す．

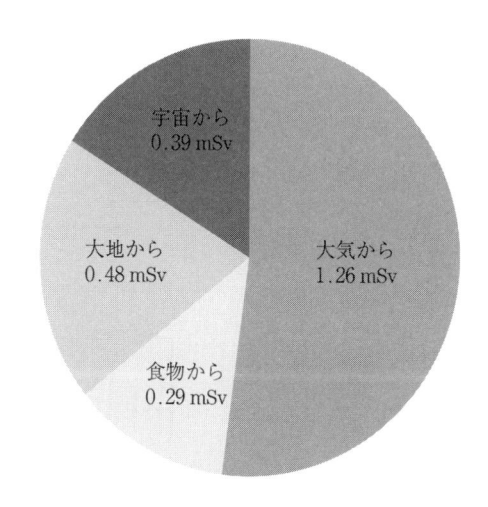

図 11.2 自然放射線から受ける年間放射線量（世界平均）

宇宙から 0.39 mSv
大地から 0.48 mSv
食物から 0.29 mSv
大気から 1.26 mSv

大地からの**自然放射線**（natural radiation）の線量は世界平均で年間 0.48 mSv，日本平均で年間 0.46 mSv であるが，地域によって線量は 10 から 20 倍程度異なる．花崗岩はウラン，トリウム，カリウムの濃度が高いので，花崗岩が多く分布する地域では放射線の線量が高い傾向にある．ラジウム温泉は自然放射線のレベルが高く，例えば，秋田県の玉川温泉の源泉付近には自然放射線量が年間平均 110 mSv になるところがある．ラムサール条約で有名なイランのラムサール地方は，高自然放射線地域としても知られており，大地からの自然放射線量が年間平均 149 mSv になるところがある．

11.3 放射線の生物作用

生体高分子は，直接作用あるいは間接作用によって放射線による損傷を受ける．直接作用では放射線が直接生体高分子に作用するが，間接作用では放射線が水分子を電離することによって生じた**活性酸素種**（reactive oxygen species,

ROS）が生体高分子を攻撃する。放射線に最も感受性の高い生体高分子はDNAである。放射線による主なDNA損傷（**図11.3**）には，主鎖の切断と核酸塩基の酸化損傷がある。

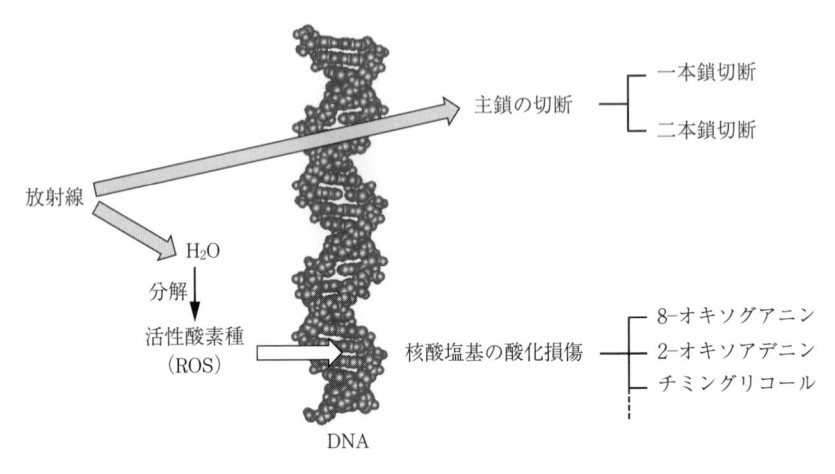

```
放射線 ──→ 主鎖の切断 ┬─ 一本鎖切断
                    └─ 二本鎖切断
放射線 ──→ H₂O
         分解↓
         活性酸素種
         （ROS）     ──→ 核酸塩基の酸化損傷 ┬─ 8-オキソグアニン
                                        ├─ 2-オキソアデニン
                                        └─ チミングリコール
                                          DNA
```

図11.3 放射線による主なDNA損傷

　片方の鎖が切断されたDNAは，DNAポリメラーゼやDNAリガーゼといったDNA修復酵素の働きで，比較的容易に修復される。しかし，一方の鎖の切断部位の近傍で他方の鎖が切断されると**二本鎖切断**（double-strand breaks, **DSB**）となり，これは一般的な生物にとって修復が非常に困難なDNA損傷である。大腸菌は，ゲノム中に数個の二本鎖切断が生じると増殖できなくなる。

　放射線によって生じたヒドロキシラジカル，過酸化水素，スーパーオキシドなどの活性酸素種は，DNAの核酸塩基を攻撃して，**酸化損傷**（oxidative damage）を起こす。主要な酸化損傷体に，8-オキソグアニン，2-オキソアデニン，チミングリコールなどがある。これらの酸化損傷は，DNAポリメラーゼによる**誤対合**（mispairing）を誘発し，**突然変異**（mutation）を引き起こす原因となる。細胞質中に存在する遊離核酸も酸化損傷のターゲットとなる。遊離核酸の酸化損傷体がDNAポリメラーゼの働きによって，DNAの合成反応の基質として使われDNAに取り込まれると，突然変異の原因となる。

タンパク質や脂質も活性酸素種による酸化損傷を受ける。タンパク質では，アミノ基とチオール基の放射線感受性が高い。また，タンパク質側鎖のプロリン，アルギニン，リジン，スレオニンなどのアミノ酸が活性酸素種により酸化修飾を受け，カルボニル誘導体となったタンパク質を**カルボニル化タンパク質**（carbonylated protein）という。カルボニル化タンパク質は化学修飾した後に抗体を用いることで容易に検出が可能であるため，タンパク質酸化ストレスを評価するためのマーカーとしてよく用いられる。脂質の放射線照射によって**過酸化脂質**（lipid peroxide）が生成される。特に，細胞膜を構成している不飽和脂肪酸が活性酸素種による攻撃を受けやすい。

放射線を照射されたときに細胞が生き残るか死滅するかは，放射線が細胞中のDNAに与えるエネルギーに依存する。的が小さいと当たらないということである。したがって，細胞中のDNAの空間的広がり具合と放射線の生物作用の程度は反比例するものと，単純化して考えることができる。

生物は進化の過程で，多かれ少なかれ自然放射線のレベルを超えて，DNAを防御する機構と損傷を受けたDNAを修復する機構を獲得してきた。しかしながら実際には，生物の放射線耐性は生物の種によって大きく異なっている。地球上の生物の中でもヒトは，生物の中でも放射線に特に感受性が高く，10 Gyの放射線を急激に浴びると確実に死に至る。

11.4 *Deinococcus* の発見

1950年代，コバルト60やセシウム137といったγ線源が比較的容易に入手できるようになり，透過性と滅菌効果に優れたγ線の特性を生かして，食品の滅菌への応用が検討された。1956年アンダーソン（Anderson）らは，γ線滅菌したはずの牛肉の缶詰の中から細菌を分離し，これが**放射線抵抗性細菌**（radioresistant bacterium）の初めての発見となった。放射線抵抗性細菌は，極限環境微生物の中で最も早い時期に発見されたものの一つといえる。

この細菌は当初 *Micrococcus radiodurans* と名づけられたが，のちに，細胞

壁のアミノ酸や脂質の組成解析，16S rRNAの塩基配列に基づいた系統解析の結果から，放線菌の仲間である *Micrococcus* 属細菌とは異なる細菌の新属であることがその後の解析で判明した。新属 *Deinococcus* が提唱され，*Deinococcus radiodurans* と再分類された。学名は，strange berry that withstands radiation（放射線に耐える奇妙な液果）の意味をもつ。系統分類学上，デイノコッカス-サーマス門に属し，*Thermus thermophilus* と進化的に極近縁である。

Deinococcus radiodurans と *Thermus thermophilus* はいくつかの共通点が見られる。両者とも，カロテノイド色素を産生し，自然形質転換能をもち，**多倍体**（polyploid）のゲノムをもつ。しかし，*Deinococcus radiodurans* は至適生育温度が30℃の**中温菌**（mesophile）であるのに対して，*Thermus thermophilus* は至適生育温度が75℃の高度好熱菌である。*Thermus thermophilus* をはじめとする *Thermus* 属細菌に，放射線に耐性を示すものは知られていない。

Bacillus 属細菌や *Clostridium* 属細菌に見られる芽胞（がほう）（spore）は休眠状態の細胞であり，耐熱性・乾燥耐性をもち，放射線にもある程度の耐性を示すことが知られている。しかし，栄養型細胞の状態では放射線にさほど強くない。一方，*Deinococcus radiodurans* は芽胞を形成せず，つねに栄養型細胞として存在し，6 kGyのガンマ線を照射しても100％生存する。放射線耐性は，大腸菌の100倍，ヒトの細胞の千倍以上であり，「世界で最もタフな微生物」として，ギネスブックで紹介されていたこともある。

Deinococcus radiodurans の発見以来，さまざまな自然環境中から *Deinococcus* 属細菌が分離され，現在では50種を超える *Deinococcus* 属細菌が報告されている。それらの分離源は，動物の糞，淡水魚，温泉，活性汚泥，高山，砂漠，成層圏の大気，南極の岩石など多種多様である。これまでに分離された *Deinococcus* 属細菌のほとんどが *Deinococcus radiodurans* と同様に中温菌であるが，*Deinococcus geothermalis* と *Deinococcus murrayi* は至適生育温度が45℃付近の中等度好熱菌である。高度好熱性や超好熱性の *Deinococcus* 属

11.5 その他の放射線耐性細菌

表 11.1 ゲノム配列が解読されている *Deinococcus* 属細菌

菌　　　種	分離年	分離源（分離地）	ゲノムサイズ〔bp〕
Deinococcus radiodurans	1956	牛肉の缶詰（アメリカ）	3 284 156
Deinococcus proteolyticus	1973	ラマの糞（日本）	2 886 836
Deinococcus geothermalis	1997	アグナノ温泉（イタリア）	3 247 018
Deinococcus deserti	2005	サハラ砂漠（モロッコ，チュニジア）	3 855 329
Deinococcus maricopensis	2005	ソノラ砂漠（アメリカ）	3 498 530
Deinococcus peraridilitoris	2007	アタカマ砂漠（チリ）	4 513 714
Deinococcus gobiensis	2009	ゴビ砂漠（中国）	4 406 036

細菌はまだ発見されていない。ゲノム配列が解読されている *Deinococcus* 属細菌を**表 11.1** に示す。

11.5　その他の放射線耐性細菌

　Deinococcus 属細菌と進化的に近縁な放射線抵抗性細菌として，*Truepera radiovictrix* と *Deinobacterium chartae* がある。*Truepera radiovictrix* は，大西洋のアゾレス諸島サンミゲル島の温泉から分離された中等度好熱菌である。5 kGy のガンマ照射後の生存率は 60% であり，*Deinococcus radiodurans* よりもやや放射線耐性が低い。*Deinobacterium chartae* は，フィンランドの製紙工場の抄紙機に発生した細菌性バイオフィルムから分離された中等度好熱菌である。放射線耐性は *Deinococcus radiodurans* と同等である。

　鳥取県の三朝温泉の河原風呂の温泉水から分離された *Rubrobacter radiotolerans* と，米国南カロライナ州サバンナリバーサイトの高レベル放射性廃棄物施設から分離された *Kineococcus radiotolerans* は，*Deinococcus* 属細菌と系統分類学上まったく異なる放線菌門に属する。*Rubrobacter radiotolerans* の放射線耐性は，*Deinococcus radiodurans* よりも高く，16 kGy の γ 線照射後の生存率は 37%，*Kineococcus radiotolerans* の放射線耐性は *Deinococcus radiodurans* と同等である。

164   11. 放射線耐性微生物

Methylobacterium radiotolerans と *Acinetobacter radioresistens* は，プロテオバクテリア門に属する。両者とも *Deinococcus radiodurans* よりもやや放射線耐性が低いが，院内感染の原因菌として分離されることがある。放射線照射された豚肉から分離された *Hymenobacter actinosclerus* は，バクテロイデス門に属する。出芽によって増殖する水生細菌 *Gemmata obscuriglobus* は，プランクトミセス門に属する。砂漠から分離された *Chroococcidiopsis* spp. は，シアノバクテリア門に属する。

このように，放射線に耐性をもつ細菌は，系統分類学上多様である。放射線抵抗性細菌の新種の発見も今後まだまだ続くと思われる。*Gemmata obscuriglobus* は分離当初，放射線耐性は調べられていなかった。これまでに分離され，菌株保存機関で保存されている細菌の中にも，放射線耐性を示すものがまだあると思われる。

11.6 放射線耐性をもつ古細菌

海底の熱水鉱床近傍から分離された**超好熱性古細菌**（hyperthermophilic archaea）の中にも放射線耐性を示すものが存在する。*Pyrococcus abyssi*, *Pyrococcus furiosus*, *Thermococcus gammatolerans*, *Thermococcus radiotolerans* などが知られている。*Thermococcus gammatolerans* の放射線耐性は *Deinococcus radiodurans* と同等である。深海に生息する超好熱古細菌が熱だけでなく放射線にも強いということは，地球上にまだ酸素が存在しない年代に，高温・高放射線の環境で誕生した原始生命の存在を示唆する。

塩田などの高塩濃度環境に生息する**好塩性古細菌**（haloarchaea）の中にも放射線耐性を示すものが存在する。*Halobacterium salinarum* NRC-1 株に 5 kGy の γ 線を照射した後の生存率は 10% である。NRC-1 株に放射線を繰り返し照射することで，放射線耐性度が向上した変異株を作出できたという実験例も報告されている。

11.7 放射線耐性をもつ真核生物

表 11.2 に放射線耐性をもつ主な真核生物を示す。**担子菌類酵母**（basidiomycetous yeast）であるトウモロコシ黒穂病菌 *Ustilago maydis* の 2 倍体細胞は，6 kGy の γ 線を照射しても 37％生存する。子嚢菌類であるカーブラリア葉枯病菌 *Curvularia geniculata* の分生子は，3 kGy の γ 線を照射しても 10％生存する。イチゴ黒斑病菌 *Alternaria alternata* の放射線耐性は *Curvularia geniculata* よりも若干低いが，他の子嚢菌類よりも 1 桁高い放射線耐性をもつ。

表 11.2 放射線耐性をもつ主な真核生物

分類	生物種	特徴
担子菌類	*Ustilago maydis*	6 kGy の照射で 37％生存
子嚢菌類	*Curvularia geniculata*	3 kGy の照射で 10％生存
輪形動物	*Adineta vaga*	6 kGy の照射で 100％生存（水を含む状態）
緩歩動物	*Milnesium tardigradum*	5 kGy の照射で 50％生存（水を含む状態）
双翅目昆虫	*Polypedilum vanderplanki*	3.5 kGy 照射で 50％生存（水を含む状態）放射線耐性なのは幼虫の時期のみ

クリプトビオシス（12.2 節 参照）で知られる**輪形動物ヒルガタワムシ類**（rotifer bdelloidea）の *Adineta vaga* とベニヒルガタワムシ *Philodina roseola* が乾燥に強いことは知られているが，実は放射線にも強い。*Adineta vaga* は，クリプトビオシス状態の個体ではなく，体内に水を含む状態の個体に 560 Gy の γ 線を照射すると，ゲノム当り約 500 個の二本鎖切断が生じるが，照射後の孵化率は 1 割も低下しない。6 kGy の γ 線を照射された個体は 24 時間後に 100％生存している。

緩歩動物クマムシ（tardigrade）もクリプトビオシスを行う能力をもつことで知られている。体内に水を含む状態のオニクマムシ *Milnesium tardigradum* では γ 線による半致死線量が 5 kGy であるが，クリプトビオシス状態では 4.4

kGy である。オニクマムシは，クリプトビオシス状態よりも体内に水を含む状態のほうが放射線耐性を示す。ヨコヅナクマムシ Ramazzottius varieornatus についても似た結果が得られている。

双翅目昆虫（dipterous insect）ネムリユスリカ Polypedilum vanderplanki の幼虫は，クリプトビオシス能力をもつ最も大きな動物である。体内に水を含む状態の幼虫では γ 線による半致死線量が 3.5 kGy であるが，クリプトビオシス状態での半致死線量は 7 kGy である。クマムシとは異なり，クリプトビオシス状態のほうが放射線耐性である。

11.8 放射線耐性の分子機構

一般的な微生物の放射線の作用からの **DNA 防御**（DNA protection）と **DNA 修復**（DNA repair）に関わる主な因子・タンパク質を図 11.4 に示す。放射線耐性微生物の放射線耐性機構の研究は，そのほとんどが最初に分離された

```
                    ┌─ カロテノイド
                    │
           ┌ DNA防御 ├─ ビタミンC
           │        │
           │        ├─ ビタミンE
           │        │
           │        ├─ カタラーゼ
           │        │
           │        └─ スーパーオキシドディスムターゼ
 放射線 ⇨ ─┤
           │        ┌─ 直接修復（DNAリガーゼなど）
           │        │
           │        ├─ 相同組換え修復（RecAタンパク質など）
           │        │
           └ DNA修復 ├─ 核酸除去修復（UvrAタンパク質など）
                    │
                    ├─ 塩基除去修復（ウラシルグルコシダーゼなど）
                    │
                    └─ ミスマッチ修復（MutSタンパク質など）
```

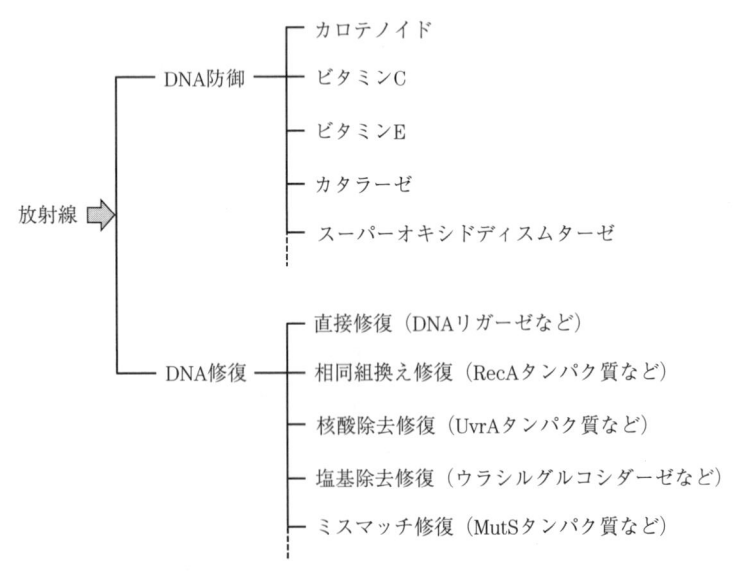

図 11.4 DNA 防御と DNA 修復に関わる主な因子・タンパク質

Deinococcus radiodurans を用いて行われている．研究の初期には，*Deinococcus radiodurans* がもつカロテノイドやカタラーゼなどが活性酸素種を除去する能力が高いことに着目した解析が行われたが，遺伝子破壊実験の結果は，DNA 防御に関するこれらの遺伝子が *Deinococcus radiodurans* の放射線耐性にそれほど大きく関与していないことを示していた．

Deinococcus radiodurans に放射線を照射すると，大腸菌など一般の細菌と同程度にゲノムに二本鎖切断が生じるが，照射後に培養することで二本鎖切断が効率よく，しかも正確に修復される．すなわち，*Deinococcus radiodurans* の放射線耐性は，この菌がもつ DNA 修復に関する優れた能力に大きく依存している．また，*Deinococcus radiodurans* は，紫外線，乾燥，DNA 架橋剤などに対しても高い耐性を示すが，この理由も高い DNA 修復能力に依存していると考えられている．

Deinococcus radiodurans のゲノム解読は 1999 年に完了したが，遺伝子の配列からだけでは，この菌がなぜ放射線に強いのかを解明することができなかった．ゲノムには DNA 修復遺伝子が存在するが，大腸菌や他の生物ですでに見つかっている**相同遺伝子**（homologous gene）と配列上決定的な差異はない．微生物の DNA 修復機構としては，直接修復，相同組換え修復，ヌクレオチド除去修復，塩基除去修復，ミスマッチ修復などがあるが，*Deinococcus radiodurans* の DNA 修復タンパク質の性質が特に優れていて，他の細菌のものと比べて効率よく正確に修復しているとは考えにくい．

Deinococcus radiodurans の**放射線感受性変異株**（radiosensitive mutant）の解析によって，放射線耐性に関与するいくつかの遺伝子が同定されている．これらの中に，**機能未知遺伝子**（functional unknown gene）として分類されていた遺伝子があり，pleiotropic protein promoting DNA repair（DNA 修復を促進する多面的なタンパク質の意）から *pprA* と命名された．この遺伝子は，*Deinococcus* 属細菌以外の生物からは見つかっていない．*pprA* 遺伝子からつくられる PprA タンパク質は，DNA 鎖の切れた部分を認識して結合し，DNA 分解酵素の作用を阻害すると同時に，DNA リガーゼの活性を促進する働きを

もつ。このことから，PprAタンパク質はDNA末端結合修復機構で，放射線で生じた二本鎖切断を修復すると考えられている。

PprAタンパク質は，細胞に放射線を照射した後に発現が誘導される**放射線誘導性タンパク質**（radiation-inducible protein）である。PprAタンパク質の分子量は単量体で31 kDaであるが，濃度が高い場合にはホモポリマーの多量体を形成する。別の放射線誘導性タンパク質であるDdrAおよびDdrDとの関連性も見出されている。大腸菌や*Bacillus subtilis*には，放射線誘導性タンパク質の発現を制御する機構である**SOS応答**（SOS response）が存在するが，*Deinococcus radiodurans*の放射線誘導性タンパク質の発現制御は，まったく別の制御機構による。PprIタンパク質はPprAタンパク質の発現を促進するアクチベーターとして作用し，PprMタンパク質はPprAタンパク質の発現を抑制するリプレッサーとして作用する。PprI, PprMおよびPprAが関与する*Deinococcus radiodurans*の放射線応答ネットワーク機構を**図11.5**に示す。また，PprAタンパク質は通常の細胞増殖時にも働いており，*Deinococcus ra-*

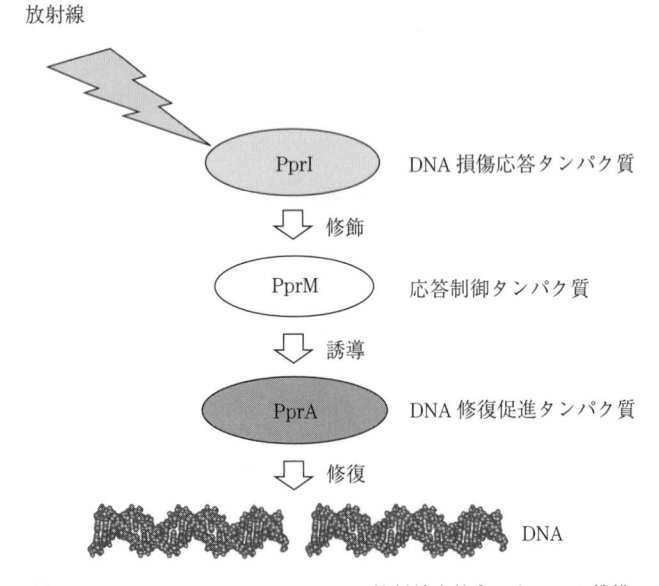

図11.5　*Deinococcus radiodurans*の放射線応答ネットワーク機構

diodurans の正常なゲノムの分配と細胞分裂の制御にも関与している。

近年，細胞内のカルボニル化タンパク質の量と生存率との逆相関関係が見出され，放射線の第一の標的となる生体高分子は DNA ではなく，タンパク質であるという仮説が提唱されている。細胞内のタンパク質が酸化によって変性すると，DNA 修復タンパク質もその中に含まれるので，DNA が修復できなくなるという考えである。*Deinococcus radiodurans* は他の放射線に感受性の高い細菌に比べて，タンパク質の酸化が少ないことが示されているが，この形質に関与する遺伝子の同定には至っていない。

Deinococcus radiodurans 以外の放射線耐性微生物については，放射線耐性の分子機構の研究があまり進んでいないが，例えば，*Pyrococcus furiosus* や *Halobacterium salinarum* NRC-1 株では，放射線照射によって二本鎖切断が生じ，それらが修復されていることが実験で証明されている。いずれにしても，ゲノム配列情報が整備され，トランスクリプトームやプロテオームといった網羅的発現解析ツールが利用でき，遺伝子操作系が確立された微生物に関しては，今後，放射線耐性機構に関する解析が進むものと期待される。放射線耐性機構の細かいところは，おそらく生物の種によって異なっていると考えられるが，放射線耐性に共通する原理があるのか，それとも形質だけが類似した収斂進化によるものであるのか，今後の研究が明らかにすべき問題である。

11.9　放射線抵抗性細菌の利用

制限酵素，DNA ポリメラーゼ，DNA リガーゼをはじめ，**遺伝子工学用試薬**（genetic engineering reagent）には，DNA 修復関連のタンパク質が数多くあるので，放射線耐性微生物に由来する新規の DNA 修復タンパク質は，遺伝子工学用試薬として利用価値が高いと考えられる。*Deinococcus radiodurans* から見出された PprA タンパク質の DNA 修復促進機能を利用して，高効率 DNA ライゲーションキット TA-Blunt Ligation Kit（**図 11.6**）が開発され，国内のメーカーから販売されている。従来品と比べて修復効率が 10 倍向上し，しかも従

170   11. 放射線耐性微生物

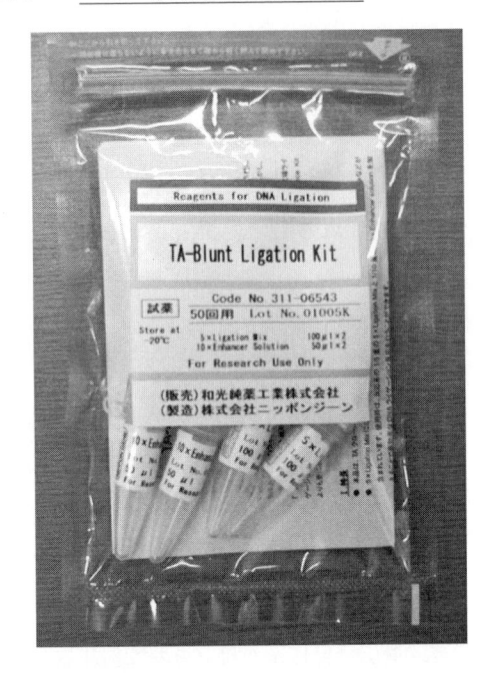

図11.6 PprA の DNA 修復促進機能を利用した遺伝子工学用試薬

来法では連結が難しいとされるタイプの DNA 切断末端の修復に威力を発揮する。

　米国では，冷戦時代の核兵器開発の過程で発生した水銀やトルエンといった毒性物質や難分解性物質の処理に，放射線抵抗性細菌を利用することを計画している。日本では，放射性廃棄物の管理体制が米国と異なるため，米国のようなニーズはないが，原子力発電所の事故により自然界の環境に放出された放射性物質の回収工程を開発する上で，放射性廃棄物の減容化を目的として，セシウム137の二次的な高濃縮用宿主として，放射線抵抗性細菌を利用することが考えられる。

11.10　放射線耐性獲得の進化的起源

　Deinococcus radiodurans の放射線耐性獲得の起源については，二つの説が提唱されている。バチスタ（Battista）らは，二本鎖切断は細胞を乾燥させる

ことでも起こり，*Deinococcus radiodurans* の放射線感受性変異株のほとんどが乾燥にも弱いことを示し，また，砂漠や高山などの乾燥した地域から *Deinococcus* 属細菌の新種が数多く分離されていることから，放射線耐性は進化の過程で乾燥耐性を得た際の副産物であるという**乾燥適応仮説**（drought adaptation hypothesis）を提唱した。

放射線耐性が環境に応じて獲得できる形質であるなら，別の可能性が考えられる。以下に，**天然原子炉説**（natural nuclear reactor hypothesis）の概要を示す。約 25 億年前，*Cyanobacteria* の光合成によって酸素濃度が増大し，地球環境の酸化的状態が高まった（図 1.1 参照）。ウランは酸化雰囲気では 6 価になり，水に溶けやすい。水溶性の 6 価ウランは地下の岩盤の固い場所に移動して，そこで 4 価に還元されて不溶性になる。この循環の繰返しによって堆積型のウラン鉱床が形成された。ウラン 235 は核分裂反応に直接寄与するウランであるが，ウラン 235 とウラン 238 の半減期を考えると，核分裂反応に必要な濃度である 3% 以上のウラン 235 が 20 億年前のウラン鉱床に蓄積されていたことになる。

実際に，ガボン共和国のオクロという場所にあるウラン鉱床では，太古に自然核分裂連鎖反応（臨界）を起こした天然原子炉の跡があることがわかっている。地下生物圏の微生物がウランを還元し，ウラン鉱床の形成に関わっていたことが想像にかたくない。それと時期を同じくして太古に地下で起こった自然の営みによって，放射線抵抗性細菌の祖先型細菌が誕生した可能性が考えられる。天然原子炉の稼働推定期間は約 100 万年であり，生物の新種が生まれるのに十分な時間である。

大腸菌，*Salmonella typhimurium*，*Bacillus pumilus* といった放射線に感受性の高い細菌に，放射線を繰り返し照射したり，徐々に放射線の線量を増加させたりする実験が，複数の研究グループによって行われており，短期間で放射線耐性の向上した突然変異株が取得されている。このことは，放射線が生物進化の推進力となり得ることを示している。

引用・参考文献

1) 村松康行・土居雅広・吉田　聡　編：放射線と地球環境　生体系への影響を考える，pp.113，研成社（2003）
2) I.G. Draganić, Z.D. Draganić and J.-P. Adloff（松浦辰男・今村　昌・長谷川圀彦・橋本哲夫・朝野武美・小高正敬　訳）：放射線と放射能　宇宙および地球環境におけるその存在と働き，学会出版センター（1996）
3) 菱田豊彦：放射線生物学　放射線と人間とのかかわり合い，丸善プラネット（1998）
4) 渡邊　信・西村和子・内山裕夫・奥田　徹・加来久敏・広木幹也　編：微生物の辞典，pp.688，朝倉書店（2008）
5) TA-Blunt Ligation Kit のホームページ：http://www.wako-chem.co.jp/siyaku/info/gene/article/TA-BluntLigationKit.htm，http://www.nippongene.com/pages/products/clomod/mod_e/ta-blunt_lig/

12 乾燥耐性生物

12.1 はじめに

　水は生体を構成する物質として圧倒的な割合を占め，溶媒として化学反応の場を提供することで生命活動の基盤を支えている。また，生体膜やタンパク質など多くの細胞構成因子は，周囲の水分子と相互作用することで適切な形状や機能を保っており，この点においても水は欠かせない役割を果たしている。生体内から水が失われれば通常の生命活動を維持することは不可能であることから，十分な水を確保することは多くの生物にとって死活問題である。陸上に進出した生命にとって，乾燥による水の喪失は最もありふれた極限環境といえるかもしれない。外部環境の乾燥に対し，多くの生物が水を確保する手段を講じることで対抗するが，一部の生物は水をほぼ完全に失っても死なない特異な能力を身に付けることで乾燥に耐える。生命における水の重要性を考えると，後者のような戦略が実現可能なことは驚きである。本章では，この特異な乾燥耐性能力をもつ生物，特に動物に焦点を当てて紹介する。

12.2 クリプトビオシスによる乾燥耐性

　乾燥ストレスに対する生物の適応戦略は大きく二つに分けられる。一つは体内水分の損失をできるだけ避けようとする戦略で，水の蒸散を抑えるために体表構造を厚くしたり，サボテンなどのように体表面積自体を小さくしたりする

例が知られている。動物であれば、乾燥環境を避けて湿潤環境に移動することも広義にはこの戦略に含まれる。そして、もう一つの戦略が体内水分の大部分を失っても生命を維持できるようにする戦略である。ここでは、この能力をもつ動物としてクマムシを例にとって説明する。外部環境の乾燥にさらされたクマムシは、最終的にほぼ完全に脱水した乾眠と呼ばれる状態に移行する（図12.1）。この状態のクマムシは、動くことはもちろん呼吸を含めたすべての生命活動が見られない無代謝状態にある。しかし、死んだわけではなく、水を与えるとみるみる吸水し、数十分後には元のように動き出す。このように、生命活動が一時停止しているものの死んでいるわけではなく、将来生命活動を復活しうる状態のことを**クリプトビオシス**（cryptobiosis）と呼ぶ[1]。「クリプト」は「隠れた」を意味し、生命を意味する「ビオシス」との合成語で、**潜在生命**とも訳される。生命活動が一時的に見えなくなった状態を表しており、『生』でも『死』でもない第三の生命状態とされる。クリプトビオシスは環境の悪化によって誘導される現象であるが、誘導因によって分類されており、乾燥によって誘導されるものを**乾眠**（anhydrobiosis, **アンヒドロビオシス**）と呼ぶ。

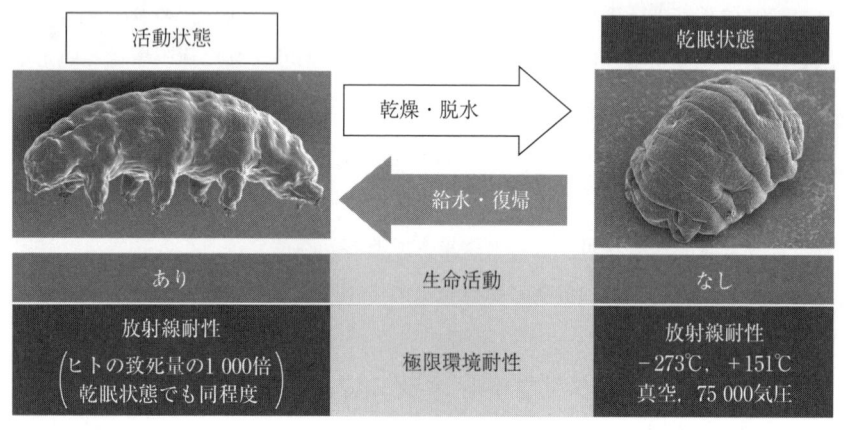

活動状態		乾眠状態
乾燥・脱水 →		
← 給水・復帰		
あり	生命活動	なし
放射線耐性 (ヒトの致死量の1 000倍 乾眠状態でも同程度)	極限環境耐性	放射線耐性 −273℃, +151℃ 真空, 75 000気圧

極限環境耐性はクマムシ類で報告された最高値を示す。写真は乾眠能力をもつクマムシの一種、ヨコヅナクマムシ

図12.1 クマムシ類の乾眠能力と極限環境耐性（撮影：田中冴氏、相良洋博士（東京大学））

乾眠状態になった生物はさまざまな極限環境に耐性を示すことが知られている。例えばクマムシではほぼ絶対零度の−273度の他，151度，真空，75 000気圧の超高圧，ヒトの致死量の1 000倍の放射線照射に曝露した後も，給水することで動き出したことが報告されている（図12.1）。例えば75 000気圧は水深750 kmの水圧に相当するが，世界最深のマリアナ海溝の水深が10 kmであり，乾眠したクマムシは地球上に存在しないような環境に耐性を示したことになる。このような耐性が生き抜くために必要であったとは考えにくく，これらの極限環境耐性は乾眠状態に陥ったための副産物と考えられている。乾眠状態では代謝活動が起きる場としての水がなく化学的に安定であるためである。また，乾眠状態における耐性は，極限環境に曝露した後，常温常圧の環境に戻し給水するとその個体が再び活動したことを意味しており，極限環境で通常の生命活動や生殖ができるわけではないので，注意する必要がある。

12.3 乾 眠 動 物

12.3.1 動物界に散在する乾眠能力

乾眠能力をもつ動物はクマムシ以外にも，アフリカに生息するネムリユスリカ *Polypedilum vanderplanki* の幼虫や，シーモンキーなどの呼称で知られるアルテミア *Artemia* sp. の耐久卵，線虫やワムシの一部が知られている（図12.2）。動物界は形態の違いなどにより約30の動物門に分類されるが，乾眠能力が見られる動物種はいまのところ四つの動物門に集約される（図12.3）。

いずれも無脊椎動物であるが，分類上の位置はバラバラであり，乾眠能力が単一の進化起源をもつのか（4動物門の共通祖先が獲得して，その後ほとんどの動物種で失ったのか），それともそれぞれの動物群が進化の過程で個別に獲得したのかについてはまだ定説はない。しかし，後述するように，近年の分子生物学的な解析から，4動物門の乾眠メカニズムには少なからぬ違いがあることが明らかになってきており，乾眠能力は類似した形質を個別に獲得した収斂進化の一例である可能性がある。また，4動物門の陸上進出は別々に起きたと

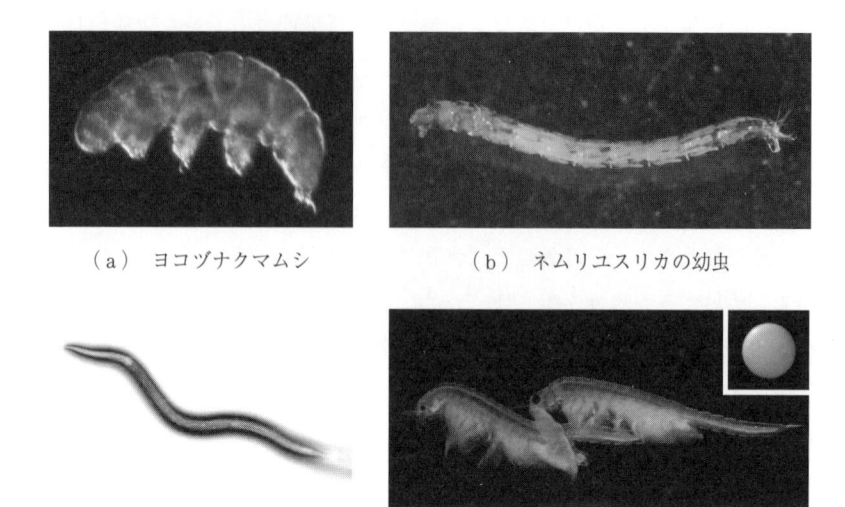

176   12. 乾燥耐性生物

(a) ヨコヅナクマムシ
(b) ネムリユスリカの幼虫
(c) 南極線虫 *P. davidi*
(d) アルテミアの雌雄成体と耐久卵

図 12.2 乾眠能力をもつさまざまな動物（写真提供：Richard Cornette 博士（b, 農業資源研究所），鹿児島浩博士（c, 遺伝研），田中晋博士（d, 産業医大））

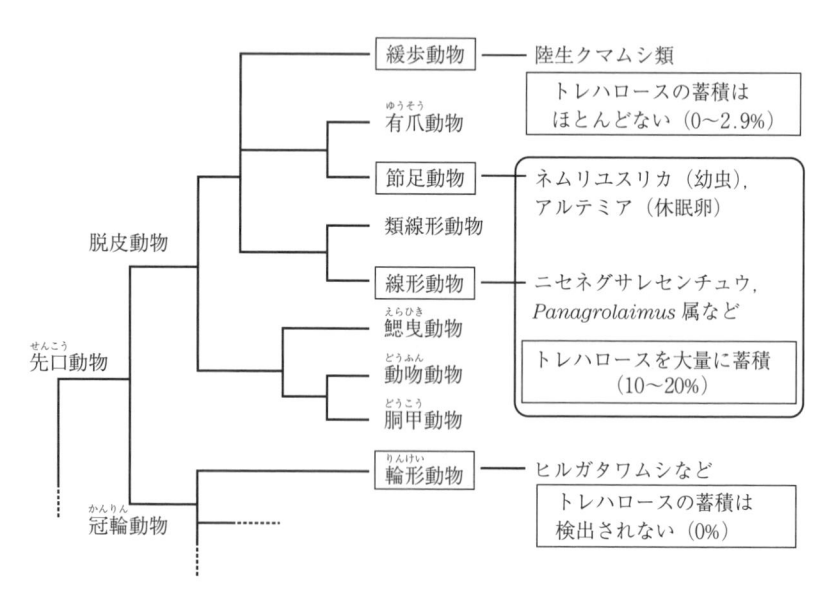

緩歩動物 ── 陸生クマムシ類
有爪動物
   トレハロースの蓄積は
   ほとんどない（0〜2.9%）
節足動物 ── ネムリユスリカ（幼虫），
   アルテミア（休眠卵）
類線形動物
線形動物 ── ニセネグサレセンチュウ，
   Panagrolaimus 属など
鰓曳動物
動吻動物
胴甲動物
   トレハロースを大量に蓄積
   （10〜20%）
脱皮動物
先口動物
輪形動物 ── ヒルガタワムシなど
   トレハロースの蓄積は
   検出されない（0%）
冠輪動物

図 12.3 動物界における乾眠能力の分布とトレハロースの蓄積量

考えられており，乾眠能力の必要性が陸上進出と密接に関係していることを考えると，この観点からも収斂進化の可能性が高いと思われる．各動物の乾眠能力はその生態と密接に関連している．代表的な動物群について以下にその生態を概観する．

12.3.2　緩歩動物（クマムシ類）

クマムシは，四対の肢をもつ微小な動物群（体長はおおむね1 mm以下）で，これまでに1000種以上が記載されている．海水，陸上，淡水，いずれにも生息し，陸上や潮間帯など乾燥する環境に生息する種の多くは乾眠能力をもつ．陸生種はコケの上の薄い水膜や土壌中の間隙水の中に生息しており，晴天や降雨など気象条件の変化によって乾燥と吸水を頻繁に繰り返す．乾燥にさらされたクマムシは肢を引っ込めて前後軸方向に縮こまった形態になり，乾眠状態に入る（図12.1）．乾眠したクマムシはその形態が洋酒樽に似ていることから「樽（tun）」とも呼ばれる．乾燥時の形状変化にも意味があり，体表面積を小さくすることで水の蒸発速度を遅くし，乾眠の準備をする時間を確保する役割があると考えられている．どれくらいの速さの乾燥に耐えられるかはクマムシの種によって異なり，コケの上など晴天時に急速に乾燥が進む環境に生息する種は急速な乾燥でも乾眠に移行できるが，土壌中など自然状態での乾燥速度が遅い環境に生息する種はゆっくりとした乾燥でないと乾眠できない．乾眠に移行できる乾燥速度の限界は生息環境と密接にリンクしている一方で，分類学上の分類と乾燥速度との相関は見られない．乾燥速度の限界は環境に応じて進化の過程で比較的容易に変化する形質と考えられる．

12.3.3　ネムリユスリカ

アフリカの半乾燥地帯に生息するユスリカの一種で，幼虫期にのみ乾眠能力をもつ．幼虫の体長は約5 mmと乾眠能力をもつ動物の中で最大である．乾眠能力をもつ唯一の昆虫でもある．幼虫は水たまりの底で泥と唾液でつくった巣管の中で生活しており，乾季には巣管に覆われた形で脱水・乾眠する．巣管は

急速な乾燥を防ぐ効果をもつと考えられ，中にいる幼虫は比較的ゆるやかな脱水を受ける。巣管がない状態でも高湿度環境におくことでゆるやかな脱水を誘導し，乾眠状態にすることができる。

12.3.4 アルテミア

塩水湖に生息する甲殻類で，乾季などに環境が悪化すると乾眠能力をもつ耐久卵（**休眠シスト**）を産む[2]。耐久卵は高濃度の塩や乾燥に耐え，環境の好転を待つ。**アルテミア**の耐久卵は観賞魚の餌や学習教材として市販されており，容易に入手できる。アルテミアが乾眠能力をもつのは耐久卵の時期のみであり，いったん乾眠が解除されて孵化するとその個体は2度と乾眠することはない。環境の悪化を感知する個体と乾眠する個体が異なるのはアルテミアの特徴である。

12.3.5 線形動物（線虫）

南極に生息する *Panagrolaimus davidi* は乾眠能力の他，凍結耐性ももち，南極の厳しい低温乾燥環境に適応している。**線虫**の乾眠についてはニセネグサレセンチュウ *Aphelenchus avenae* もよく研究に用いられる。乾燥にさらされた線虫はヘビがとぐろを巻くように体をコイルのように巻いて乾眠する。これはクマムシが樽状になるのと同様に表面積を小さくして脱水速度を遅くするためと考えられる。さらに複数個体が集合塊を形成して乾眠することも多く，集合体を形成することで内側の個体の水の損失を低減させる効果があると考えられている。

土壌線虫である *Caenorhabditis elegans* は，多細胞生物のモデル生物としてさまざまな研究に頻用されており，ゲノムなどの遺伝子情報や遺伝子導入を含むさまざまな実験技術が充実している。この種は通常の生活環では乾眠能力を示さないが，近年，特定の条件を整えると乾眠に近い性質を示すことが報告され，乾眠動物の新しいモデルとして期待されている[3]。*C. elegans* の1齢幼虫は，高温や飢餓などの悪環境に遭遇すると発生プログラムを切り替え，脱皮し

た後，**耐性幼虫**（dauer larva）と呼ばれるストレス耐性の高まった発生段階に移行する。耐性幼虫は，そのままでは乾燥耐性をもたず相対湿度90％以下での乾燥にさらされると死んでしまうが，相対湿度98％で4日間ゆっくり乾燥させると，相対湿度23％までの曝露に耐えられるようになる。このとき体内水分の98％を失っていることから代謝は止まっていると考えられ，乾眠に近い状態にあると考えられる。ただし，クマムシなどは乾眠すると相対湿度0％への曝露にも耐えられることから，C. elegans の乾燥状態は他の乾眠動物と同じレベルには達していないようである。

12.4 乾眠を支える分子

12.4.1 トレハロース

では，乾眠動物はどうやって乾燥ストレスに耐えているのであろうか。一般に乾燥が進むと生体内で各種成分濃度が急激に上昇し，細胞が高浸透圧ストレスを受ける。こうした**浸透圧ストレス**に対抗するために多くの生物では，適合溶質と呼ばれる低分子の有機化合物を蓄積する（2.6節 参照）。適合溶質としてはトレハロースやスクロースのような糖の他，糖アルコール，特定のアミノ酸，ベタインなどがある。乾燥耐性動物の中にはトレハロースを顕著に蓄積するものが知られており，節足動物や線形動物のトレハロースの蓄積は乾重量の10〜20％にも及ぶ（図12.3）。このことはこれらの動物の乾燥耐性にトレハロースが重要な役割を果たしていることを強く示唆している。

トレハロースはグルコース2分子が結合した二糖であり，還元性がないため大量に蓄積しても細胞に害を及ぼすような副反応を誘起しにくい。また，タンパク質や脂質膜を乾燥させる際に，トレハロースを添加するとタンパク質の変性や脂質膜の融合といった乾燥によるダメージを低減できることが，試験管内の実験から明らかにされており，生体分子の保護に寄与していることが考えられる。トレハロースが生体分子を保護するメカニズムとして，**水代替モデル**と**ガラス化モデル**の二つが提唱されている。水代替モデルはトレハロースが生体

分子表面の水分子と置き換わるというもので、水の代わりに生体分子と水素結合を形成することで、水を失った場合にも生体分子の構造を安定化することができると考えられている。もう一方のガラス化モデルは、乾燥に伴って劇的に増加したトレハロースが、生体構成分子の隙間(すきま)や細胞の間隙(かんげき)を埋めて、そのまま結晶化することなく固化するというものである。これにより、生体分子の凝集を妨げつつ、細胞内における生体分子の位置関係をほぼ保ったまま脱水することを可能にする、と考えられている。この二つのモデルは共存可能で、トレハロースの保護活性には両者の作用が複合的に寄与していると考えられる。

12.4.2　トレハロースの合成と輸送

さて、ネムリユスリカなどで乾燥時に大量に蓄積されるトレハロースは、貯蔵物質であるグリコーゲンを原料として合成される。トレハロースの生合成は微生物では複数の経路が知られているが、真核生物では**図 12.4**に示した保存された一つの経路によって合成される。グリコーゲンの分解によって生じたグルコース1リン酸は、グルコース6リン酸とUDP-グルコースに変換され、この二つが、トレハロース6リン酸の合成酵素（TPS）と脱リン酸化酵素（TPP）によって縮合・脱リン酸化されることで、最終産物としてトレハロースが生成される（図 12.4）。ネムリユスリカやニセネグサレセンチュウでは、乾燥に応じてトレハロース合成酵素の発現が上昇しており、これがトレハロースの大量蓄積に寄与していると考えられる。モデル線虫 *C. elegans* において、トレハロースを合成できない合成酵素の変異体が作出され、この変異体は合成酵素が正常な対照群と比較して乾燥耐性が劇的に低下することが報告された[3]。これは動物の乾燥耐性にトレハロースが必須であることが証明された初めて、かつ執筆時点で唯一の例であり、少くともこの線虫の乾燥耐性にトレハロースが必須であることは明瞭(めいりょう)である。

多細胞生物の乾眠では、トレハロースなどの適合溶質は全身の細胞にあまねく存在する必要がある。一番簡単な方法はすべての細胞が必要量のトレハロースを合成することであるが、組織の機能分化の進んだ場合には必ずしもそのよ

12.4 乾眠を支える分子

```
グリコーゲン
  ↓
グルコース1リン酸
  ↓           ↓
グルコース6リン酸  UDP-グルコース
           ↓
    トレハロース6リン酸合成酵素
         (TPS)
  ↓
トレハロース6リン酸
  ↓
    トレハロース6リン酸脱リン酸化酵素
         (TPP)
  ↓
トレハロース
```

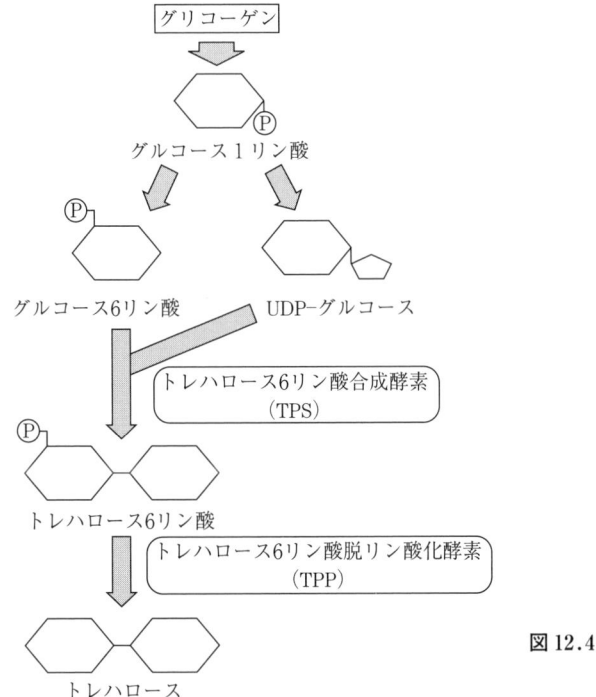

図 12.4 トレハロースの生合成経路

うにはならない．ネムリユスリカの幼虫は，乾眠に際して，**脂肪体**と呼ばれる特定の組織（哺乳類の肝臓に相当する組織）でトレハロースを合成する．これはトレハロースの原料であるグリコーゲンが脂肪体に蓄えられているためである．トレハロースは細胞膜を透過するにはサイズが大きく極性も高いため，そのままでは脂肪体の細胞から外に出ることはできない．この問題は，脂肪体細胞にトレハロースのトランスポーター Tret1 が発現していることが見出されて解決した[4]．Tret1 により，脂肪体内のトレハロースは，効果的に体液中に送り出され体液循環を介して全身にいきわたる．体液から末梢細胞への取込みは，Tret1 とは別の分子が関わると考えられているが，詳細はまだわかっていない．Tret1 の発現も乾燥ストレスによって誘導されており，合成酵素の増強とともにトレハロースのユビキタスな蓄積に一役買っている．

12.4.3　トレハロースに依存しない乾眠

以上のように節足動物と線形動物では，乾眠能力とトレハロースの間に密接な関連が見出される。一方で，他の乾眠動物であるクマムシやワムシでは事情が異なるようである。クマムシ類における乾燥時のトレハロースの蓄積量はほとんどの種で1%未満であり，最大でも2.9%と節足動物や線形動物と比べると非常に少ない（図12.3）。ネムリユスリカやニセネグサレセンチュウは乾眠するためには2日程度時間をかけてゆっくり乾燥する必要があり，この間に大量のトレハロースを蓄積する。こうした動物と比べるとクマムシは比較的速い乾燥に耐えられる種が多く，短い時間で乾眠に移行するために大量のトレハロースを必要としない乾眠メカニズムを発達させた可能性がある。実際，急速乾燥に耐えられるオニクマムシ *Milnesium tardigradum* では乾眠時のトレハロースの蓄積はまったく見られていない。また，ワムシについてもトレハロースを蓄積せずに乾眠できることがわかっている（図12.3）。

また，トレハロースを大量に蓄積する生物であっても，乾燥耐性にトレハロースが必要ではないケースが知られている。単細胞の真菌類である酵母は，増殖が盛んな時期には耐性をもたないが，増殖が治まる定常期に移行するにつれてトレハロースを蓄積し，同時に高い乾燥耐性をもつようになる。ところが，トレハロースを合成できない変異株も野生型とほぼ同等の乾眠耐性を示すことがわかり，酵母の乾燥耐性はトレハロースの蓄積に依存していないことが明らかになった。乾燥耐性には，トレハロース以外のさまざまなメカニズムが存在することを示唆している。

12.4.4　LEA タンパク質

トレハロースと並んで乾燥耐性への寄与が指摘されている分子として **LEA**（late embryogenesis abundant）**タンパク質がある**[5]。LEA タンパク質はもともと植物の種子から発見されたタンパク質で，種子が乾燥する胚発生後期に大量に蓄積する。その発現様式から種子の乾燥耐性に寄与していると推定される。動物では2002年にニセネグサレセンチュウで初めて発見された後，ネムリユ

スリカ，ワムシ，クマムシなど乾眠能力をもつ他の動物群からも見出されている。線虫，ネムリユスリカ，ワムシでは乾燥によって誘導されるが，クマムシでは顕著な誘導の報告はまだない。LEAタンパク質の多くは，アミノ酸配列の違いから三つのグループに分けることができる。各グループにはそれぞれ特徴的なモチーフ構造があり，典型的な構造はモチーフのデータベースである**Pfam**に登録されている（**表12.1**）。グループ1は親水性の高い20アミノ酸のリピート配列をもち，グループ2は三つのセグメントY, S, Kのうち少なくとも二つをもつ。グループ3は特徴的な11アミノ酸のリピート配列をもつ。植物では全グループのLEAタンパク質が見出されているが，動物ではグループ3のLEAをもつ種が多く，4動物門すべてで見出されている。グループ1に属するLEAは2011年にアルテミアから見つかっているが，グループ2のLEAが動物から見出された例はない。以降，グループ3のLEAを中心に述べる。

表12.1 LEAタンパク質グループのモチーフ配列とPfamファミリー

グループ	セグメント	モチーフ配列	Pfam
1		GGQTRREQLGEEGYSQMGRK	LEA_5 (PF00477)
2	Y	DEYGNP	Dehydrin (PF00257)
	S	(S)n	
	K	EKKGIMDKIKEKLPG	
3		TAQAAKEKAXE	LEA_4 (PF02987)

12.4.5 LEAタンパク質の特徴

一般的にタンパク質は，特定の立体構造をとることで目的の機能を果たしており，乾燥などの外的ストレスにさらされると立体構造が破壊され，機能を失う。これに対してLEAタンパク質は，通常の状態ではむしろ特定の構造をほとんどとらない非構造状態にあり，乾燥によって**αヘリックス**と呼ばれる構造をとる（**図12.5**）。αヘリックスはポリペプチド鎖がらせん状に折りたたまれることで形成され，1周は約3.6アミノ酸に相当する。この構造転移は可逆

12. 乾燥耐性生物

水和時 → 乾燥時

非構造状態 → αヘリックス

（a）構造変化

タンパク質／LEAタンパク質　乾燥 → 変性・凝集を抑制

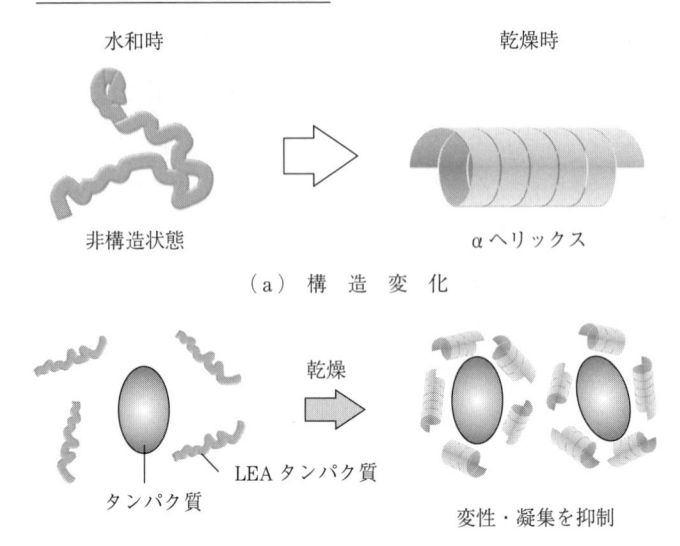

（b）分子シールドモデル

図 12.5 LEA タンパク質の乾燥時の構造変化と分子シールドモデル

的で，水が供給されると元の非構造状態に戻る．LEA タンパク質のもつ特徴的な 11 アミノ酸のリピート配列は，α ヘリックス構造をとったときにその真価を発揮する．

図 12.6 は，LEA タンパク質が形成した α ヘリックスを円筒形に見立てたときに，回転軸の方向から円筒表面におけるアミノ酸の分布を見たものである．図では，5 回転分（18 アミノ酸）を示している．図の上部に示すように，ポリペプチド鎖上のアミノ酸配列としては一見無秩序に異なる性質のアミノ酸が並んでいるように見えるが，この配列が α ヘリックス構造を形成すると，図下部のように類似した性質のアミノ酸が綺麗に集まって四つの領域を形成する．疎水性領域の対面に酸性領域があり，両者に挟まれるように二つの塩基性領域が形成される．疎水性領域は他の生体分子の疎水性の高い領域と相互作用でき，酸性領域と塩基性領域はそれぞれ負電荷（−）と正電荷（＋）を帯びており，反対の電荷をもつ領域と相互作用する．このため，α ヘリックスを形成した LEA タンパク質は，同時にさまざまな性質をもつ分子と相互作用して，異

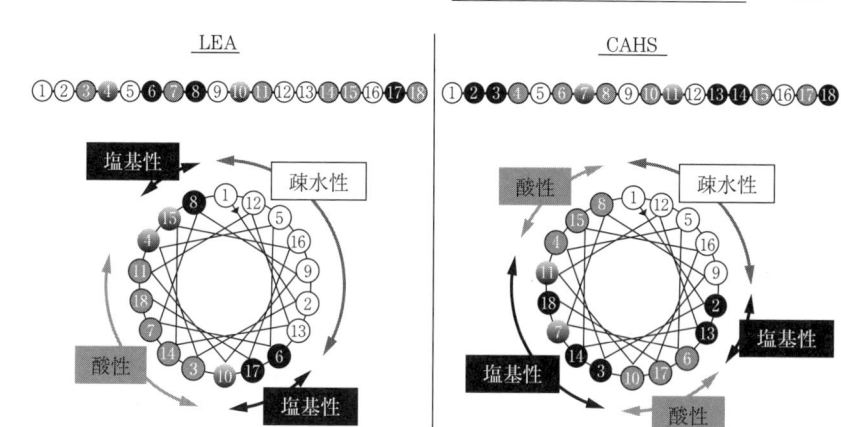

12.4 乾眠を支える分子

アミノ酸を疎水性・酸性・塩基性・不特定の4種類に分類し，各リピートのコンセンサス配列を上部に，αヘリックス構造をとった場合の分布を下部に示す

図 12.6 LEA および CAHS タンパク質のヘリックス構造におけるアミノ酸分布

なる性質をもつ生体分子の間をとりもつことができる。

この性質を基に，乾燥時の保護機構として LEA タンパク質には多様な機能が提唱されている。一つは**分子シールドモデル**で，多様な分子と相互作用できる性質を利用して，αヘリックスを形成した LEA タンパク質がタンパク質や生体膜などの生体分子の間に入り込み表面を覆う，というモデルである（図12.5）。これにより，生体分子の機能を保ったまま隔離し不用意な化学反応や凝集を抑制する，と考えられる。実際に，試験管内の実験でタンパク質の凝集を抑制する活性が見られている。また，乾燥時には生体内のイオン濃度が急激に上昇するが，LEA タンパク質の電荷を帯びた領域が生体イオンを吸着することで，イオン濃度の上昇を抑制することにも寄与すると考えられている。このような機能を**イオンスカベンジャー**と呼ぶ。もう一つのモデルは，αヘリックス構造になった LEA タンパク質が繊維状になることで機械的強度を高め，トレハロースと相乗的に細胞構造の安定性を高めるというものであり，LEAタンパク質がトレハロースの糖ガラス化を安定化する効果をもつことが報告さ

れている。LEAタンパク質の詳細な分子機構には不明な部分が多いが，多くの生物で乾燥依存に発現が誘導されることや，保護に適した分子性状などから乾燥耐性に重要な役割を果たしていると考えられる。

真核生物の細胞内部には生体膜で区切られたさまざまなオルガネラが存在し，細胞全体を乾燥ストレスから保護するためには各オルガネラも保護する機構が必要である。特にミトコンドリアが損傷を受けて内容物が漏えいすると細胞全体の**アポトーシス（細胞自死）**につながるため，その封じ込めは重要である。タンパク質がどのオルガネラに局在するかは個別に制御されており，LEAタンパク質にはミトコンドリアを含めて各オルガネラに局在するものが存在する。局在の異なるLEAタンパク質が発現することで，細胞内の領域を分担して乾燥から保護していると考えられている。

12.4.6　その他の熱可溶性タンパク質

LEAタンパク質のもう一つの特徴に，煮沸しても沈殿しないという性質がある。通常のタンパク質は，疎水性領域を内側に折りたたみ外側に露出しないようになっているが，熱によって立体構造が変化すると表面に疎水領域が露出し，これらがたがいに結合することで容易に凝集沈殿する。LEAタンパク質は，親水性アミノ酸を多く含み，疎水領域がもともと少ないことに加え特定の構造をとらないために，加熱しても凝集するような立体構造変化を起こさず沈殿しない。このことから逆に，煮沸しても沈殿しないタンパク質（熱可溶性タンパク質）は，LEAタンパク質と類似した性質をもつと予想され，乾燥耐性に関与することが考えられる。

この性質を利用してクマムシから熱可溶性タンパク質群が分離された結果，クマムシの主要な熱可溶性タンパク質は，LEAタンパク質ではなく，固有の二つのタンパク質ファミリーに属するものであることがわかった。この二つのタンパク質ファミリーはそれぞれ**CAHS**（cytoplasmic abundant heat soluble）**タンパク質**と**SAHS**（secretory abundant heat soluble）**タンパク質**と名づけられ，CAHSタンパク質は細胞質・核に局在し，SAHSタンパク質は細胞外に分

泌されるタンパク質である[6]。

　CAHSタンパク質は，クマムシ類では保存されているが，それ以外の動物には明瞭な相同遺伝子は見出されていないことから，クマムシへの進化の過程で獲得された遺伝子と推定される。CAHSタンパク質は，水溶液中では特定の構造をとらず乾燥に伴ってαヘリックスを形成する性質をもち，αヘリックス構造形成時には，疎水性，塩基性，酸性の領域に分かれた両親媒性の構造を形成する（図12.6）。CAHSとLEAでは，αヘリックス構造における領域の数と分布が異なるが，両親媒性でさまざまな分子と相互作用できるαヘリックスという点では類似しており，乾燥耐性において同様の役割を果たすと考えられる。

　SAHSタンパク質は**脂肪酸結合タンパク質**（fatty acid binding protein, **FABP**）と弱い相同性を示す。脂肪酸結合タンパク質は，細胞質に局在し，水に溶けない脂肪酸を可溶化するキャリアーとして機能するタンパク質ファミリーである。疎水性分子と親水性分子を橋渡しする機能をもつ点で，両親媒性ヘリックスと類似した性質をもつ。SAHSタンパク質は，細胞外に分泌される点で既知の脂肪酸結合タンパク質とは異なるタンパク質ファミリーを形成しており，クマムシ以外には見出されていない。SAHSタンパク質はCAHSやLEAタンパク質とは異なり，水溶液中ではβシート構造をとるが，乾燥するとやはりαヘリックス構造に変化する。クマムシではLEAタンパク質よりもCAHS，SAHSタンパク質の発現量がはるかに多いことから，主要な役割はこれらの固有のタンパク質群が果たしていると推定される。

12.4.7　ストレス応答タンパク質

　細胞はさまざまな環境ストレスに耐えるための汎用のメカニズムをもっており，乾眠時にはこうしたタンパク質群も機能していると考えられる。代表的なものは**熱ショックタンパク質**（**HSP**）群で，名前は熱によって誘導されることに由来するが，乾燥を含め多くの環境ストレスによって誘導される。HSPはシャペロンとして新規タンパク質の適切な折りたたみに寄与する他，環境ス

トレスによって形状がおかしくなったタンパク質を正しい折りたたみ構造に戻し，異常タンパク質の凝集を抑制する。乾眠動物が吸水して回復する際には，乾燥による障害を受けたタンパク質が大量に発生すると考えられ，これらの修復に重要な役割を果たすと考えられる。

　また，乾燥によって細胞内が脱水する際には，活性酸素種による酸化ストレスが発生することが知られており，タンパク質や脂質の酸化，DNAの修飾や切断が生じる。これらを防ぐために活性酸素の除去に関わるスーパーオキシドジスムターゼやカタラーゼ，チオレドキシンなどが誘導され細胞の保護に寄与する。酸化ストレスは，乾燥だけでなく放射線照射など，さまざまな環境ストレスによって生じる。乾眠動物の一部は放射線耐性も高いことが知られており，酸化ストレスへの対抗メカニズムが発達することが，両耐性に共通に寄与していると考えられている。

12.5　多様な乾眠のメカニズム ── 産業応用に向けて ──

　乾眠能力は生物学としてとらえると特異な現象であるが，われわれの日常生活では意外と身近な存在である。パンやケーキをつくるのに使用されるドライイーストは本章でも触れた乾眠した酵母のことであるし，アルテミアの耐久卵も観賞魚の生き餌として頻用されている。乾燥していることで保管が容易になり，必要なときに水を加えるだけで生物活性を利用できるという性質は，非常に高い利便性を提供する。生体の乾燥保存に至らないまでも，たとえばトレハロースなどはワクチンの乾燥保存に応用され，長期保管や容易な運搬を可能にしている。トレハロースを細胞などに応用する際には，トランスポーターであるTret1の活用が有効であろう。今後，自然界にある多様な乾眠メカニズムの解明を進めることにより，この能力を自由に付与できるようになることが期待される。

引用・参考文献

1) D. Keilin : The problem of anabiosis or latent life : History and current concept, Proc. Royal Soc. London, **150**, pp.149-191 (1959)
2) J.S. Clegg : The origin of trehalose and its significance during the formation of encysted dormant embryos of *Artemia salina*, Comp. Biochem. Physiol., **14**, pp.135-143 (1965)
3) C. Erkut, S. Penkov, H. Khesbak, D. Vorkel, J.-M. Verbavatz, K. Fahmy and T.V. Kurzchalia : Trehalose renders the dauer larva of *Caenorhabditis elegans* resistant to extreme desiccation, Curr. Biol., **21**(15), pp.1331-1336 (2011)
4) T. Kikawada, A. Saito, Y. Kanamori, Y. Nakahara, K. Iwata, D. Tanaka, M. Watanabe and T. Okuda : Trehalose transporter 1, a facilitated and high-capacity trehalose transporter, allows exogenous trehalose uptake into cells, Proc. Natl. Acad. Sci. USA, **104**(28), pp.11585-11590 (2007)
5) A. Tunnacliffe and M.J. Wise : The continuing conundrum of the LEA proteins, Naturwissenschaften, **94**(10), pp.791-812 (2007)
6) A. Yamaguchi, S. Tanaka, S. Yamaguchi, H. Kuwahara, C. Takamura, S. Imajoh-Ohmi, D.D. Horikawa, A. Toyoda, T. Katayama, K. Arakawa, A. Fujiyama, T. Kubo and T. Kunieda : Two novel heat-soluble protein families abundantly expressed in an anhydrobiotic tardigrade., PLoS ONE, **7**(8), e44209 (2012)

13 深海生物

13.1 はじめに:「深海」とは

13.1.1 極限環境としての「深海」

　生物は，環境によってつくられる。すべての生物は，地球上のさまざまな環境に順化，進化してきた。その結果，生物には多様な種類が生まれたと考えられている。地球が誕生してから46億年，さまざまな環境が誕生しては消えていった。環境と共に滅びた生物もあったにちがいない。その多くは，化石という形で一端を垣間見るしかできないが，自然というものは，なんと雄大な実験をいまも続けているのだろうか。「極限環境」，このキーワードで生物を学ぶ際には，是非とも，この壮大な歴史を思い起こしてほしい。

　さてその前に，「極限」的な環境とは何か。われわれ人間の生活環境との比較なのである。46億年の地球史の最後の瞬間に誕生したような，人間という歴史の浅い種が，高みから決めるような定義なのである。できれば，そんな長い地球史を生き抜いてきた生物たちへのリスペクトを込めて，相対的に考える視点もほしい。深海生物からすれば，こんな暑くて乾いた世界はまさに彼らの「極限環境」なのである。

13.1.2 光合成で支えられている陸上の環境

　陸上と異なる，深海の極限的な環境とはいったいどんな特徴があるのだろうか。ここで，できれば地球儀を手にとってほしい。地球には，いわゆる大陸が

広がり，日本を含めたやや小さめの陸地が海洋に点在する。また，それら陸地のフチには，リボンのような細長い浅い海が広がっている。これは，深度約200 mで，「大陸棚」と呼ばれる構造でつくられる浅海（せんかい）である。

　この浅海と陸地の環境のキーワードは「太陽」である。陸上では太陽光が植物に光エネルギーを与え，光合成というシステムで，エネルギー値の低い二酸化炭素から有機物を生産する。この有機物こそが，陸上の生物の存在そのものを支えている。基本的には浅い海においても同様に，植物プランクトンや海藻が太陽光を受け，光合成により有機物を生産する。これが多くの海洋生物のエサとなり，生態系を支えている。しかし，太陽光は深度とともに減衰し，光合成生産も比例して下がっていく。地球儀で，地球表面の実に約7割は海洋であることを実感できるであろう。そしてこの海面下に広がる体積の多くには太陽光は届かない。比して，われわれの生活する陸上の生命圏（生物が存在する空間）は，全地球でみればわずか1％なのである。

13.1.3　光が届かない深海

　反対に，深海環境は地球上の生命圏の9割以上を占めている。宇宙からの視点をもてば，地球は深海の惑星である，と定義したくなるだろう。

　おおむね，海洋における太陽光の透過率は100 mで1％という低さだ。そのため，海藻類や植物プランクトンの光合成がかろうじて可能なのは，深度200 mまでである。現在の定義では，これ以深を「深海」とする。光合成生産が可能かどうかで空間を切り分けた定義である。

　地球上の生命圏のほとんどを占める深海環境の最大の特徴は，太陽光が届かないということになる。その結果，陸地と違い，定常的に暗黒となる。また，熱をもたらす電磁波も届かず，恒常的に低温である。深海環境中では，光合成による有機物生産はまったくない。結果的に貧栄養，エサの少ない環境である。これらの環境要素から，深海は砂漠のように生物はほとんどいない場所である，と歴史的に考えられてきた。

13.1.4 潜水技術開発の歴史でもある深海生物発見の歴史

これを覆したのは，19世紀後半に活躍した，イギリスの調査船，チャレンジャー号である．この船で，初めて近代科学的手法を用いた地球1周の海洋調査が行われた．この画期的，かつ冒険的な調査が，大西洋には深度8千メートルに及ぶ深海底が存在すること，また独自に海底を浚うドレッジ装置を開発し，海底サンプルから，海洋生物の新種を4千種以上発見するなどの知見をもたらした．実に深海研究のパイオニアといえよう．

人間が直接アクセスできない深海環境へのアプローチは，これ以降，徐々に潜水機器開発を促し，これらを利用した深海調査が，有用な知見をもたらした．一方で大気圧潜水服をはじめとする有人潜水の技術は，日本においては「しんかい6500」に結実した．すなわち，6500mまで人間を大気圧で潜水させることのできる船の開発だ．有人飛行の宇宙開発と同様，人間そのものを潜らせる技術の開発は，深海研究を飛躍的に発展させた．

その一方で，機器のみを潜水させ，調査する技術も現代の技術開発の恩恵を

房総沖日本海溝南端の水深7816mの海域にて得られた，着底約2時間後の海底の様子．エサに多数の魚類とヨコエビが観察された．魚類はシンカイクサウオの仲間の可能性が高いと考えられている

図13.1 深海調査機器「江戸っ子1号」によって初めて得られた3D映像より切り出された2D加工の写真（© 江戸っ子1号プロジェクト推進委員会/JAMSTEC）

受ける形で順調に進んでいる。世界的なトレンドとしては，宇宙開発と同様，大型予算のプロジェクトから，民生部品を多用した比較的安価なコストでの調査だ。日本で近年開発された深海調査機器「江戸っ子1号」はその典型だろう。この機器により，大深度調査が低予算で持続的に実施される可能性が見えてきた（**図 13.1**）。このような機器開発は，一部の研究者のみが深海のデータサンプルを得る時代から，広く社会にアプリケーションを提供する時代へのパラダイム転換ととらえるべきだろう。このように，深海環境の解明も，徐々にそのスピードを増しつつあるといえよう。

13.1.5 空間を埋める媒体の密度の違い

これだけ進歩した科学技術をもってしても，なかなか容易にアクセスできない深海であるが，その一番の環境要因は，これまでに述べた太陽光の減少ではなく，水圧である。

陸上空間を満たす媒体は空気である。これに比べ，海洋空間を満たす媒体，つまり水は空気よりはるかに密度が高い。すなわち，重いのである。陸上から大気圏約 500 km までの空気の重さがもたらす圧力が「気圧」という単位で，海水表面では 1 気圧かかっている。しかし海洋中に潜れば，たった 10 m 深度で，海水の重さにより約 1 気圧分，加圧する。つまり，陸上の 5 万分の 1 の長さで同程度の加圧が発生する。当然，陸上で開発された機器は，耐水，耐塩，耐圧加工しないかぎり，長期間持続的に深海調査に使用することはできない。潜る際，海水を防ぐ技術は比較的簡単だが，「圧力」の問題はそう簡単ではないのである。人間を潜らせる必要のない，無人探査機であっても，潜航深度に対応した耐圧性が必要となる。その詳細は他資料に譲るが，この「圧力」も，深海の大事な極限的な環境要因である。

13.1.6 深海環境の特徴のまとめ

陸上環境との差を生む最大のポイントは，① 太陽光の減衰，② 空間媒体の密度差，の二つと記憶したい。これらから生じる深海環境の特徴を**表 13.1** に

表 13.1 陸上と深海空間の比較（各要素の差異が極限環境をつくり出す）

要素	陸上		深海 (200〜10950 m)	
	要因	環境	要因	環境
太陽光量	多量（日中）	・明空間 ・中温 ・有機物豊富 （光合成）	少量（恒常）	・暗黒 ・低温 ・貧栄養
空間媒体密度	空気 （低密度）	低圧	海水 （高密度）	高圧

まとめた。つぎの節で，この特徴が生物にどのような変化をもたらしたかを明らかにしていく。

13.2. 「暗黒」が生物にもたらす変化

13.2.1 発光現象の多様な利用

陸上のわれわれが想像する生物の発光現象といえば，蛍の光である。深海は恒常的に暗黒であるがゆえに，生物はさまざまに発光を多様に利用するよう進化した。その多くの原理は蛍の「**ルシフェリン-ルシフェラーゼ」発光現象**と同様のものである。バクテリアを含む海洋微生物をはじめ，高等動物に進めば，海洋プランクトン，オキアミ類，有櫛動物や刺胞動物，イカのような軟体動物やエビなどの節足動物，そして魚類に至るまで実に広い生物種が光を利用している。

蛍の発光は，生殖行動に密接に関わることが知られている。同様に，深海生物の発光も，生物密度が低く，同じ種のメスとオスが出会える頻度が低い環境で発達した誘因シグナルだと考えられている。これは，広い生物種で利用されている可能性が高い。

また，発光は，エサの誘引に広く用いられていると考えられている。よく知られた深海生物に，「チョウチンアンコウ」が挙げられる。チョウチンの中には蛍のような発光機構をもつか，あるいは発光する微生物などを共生させ，こ

13.2. 「暗黒」が生物にもたらす変化

の光を利用してエサを摂取すると考えられる。魚類のみならず，軟体動物なども，光によるエサの誘引は広い生物種に利用されている。

いわゆる擬態に使用されることもある。光る粘液を分泌したり，発光している身体を素早く動かし，捕食者から逃れるための目くらましに使用される例が，イカやタコなどの軟体動物や，クラゲなどの刺胞動物で知られている。

深海は恒常的な暗黒である，とはいうものの，深度200 mで光量がゼロになるわけではない[†]。例えば，深度500 mまでは，グラデーションで徐々に闇が濃くなっていき，500 m付近でようやく，潜水船の窓から見える景色が人間の目では「真っ暗」と感じるようになる。すなわち海上からの太陽光がわずかに降り注ぐ深海環境が存在する。そこで遊泳，生活する生物は，この薄明りを頼ってエサを探し，また捕食者から身を守らねばならない。エサと認識されぬよう，上方からの光でできる自らの影を隠すのである。クラゲに代表されるように，多くの生物種は透明で，あるいは透明にできない内臓は上下に立てるなどして影をつくりにくい身体をもつ。もう一つの驚くべき手段が，身体の下方に発光器をもつ生物だ。魚類などで例が知られるが，これによって周囲と同じ明るさをつくり出し，自分の影を消してしまうのである。こうして，下から見上げ，影を探す捕食者から身を守ることができる。

一方，大深度で光量が少ない環境では，赤いサーチライトをもつ魚類もいる。赤色光は海中では吸収されやすいため，赤を認識できる生物が少ない。しかし，魚類のオオクチホシエソ（*Malacosteus niger*，水深500～2 000 mに生息）などは，赤や緑の発光が可能な器官を目の下にもち，これらの色で周囲を照らしながら，エサとなる生物に気づかれず近づくことができる。

ここで忘れてならないのは，獲物の遮光である。胃の中に入った生物は，分解されるまでは発光し続けている。これでは，捕食者に自分の位置を教えてしまう。そこで，特にクラゲ，タコやイカ，魚類などの遊泳生物は，胃に遮光のための膜などを有する種がいることが知られている。

[†] 「しんかい2000」で，筆者自身が生まれて初めて1 300 m潜航した際に，実際に体感したことである。

以上のように，浅海や陸上の生物にもある生物発光は，深海環境ではさらにさまざまな用途で利用されていることが解明されつつある．今後，予想もつかない機能を発揮している例も見つかるにちがいない．

13.2.2 感覚器の変化

生物は，エサを摂取するにも，捕食者から身を守るためにも，周囲の環境を把握する必要がある．これを担うのが感覚器である．明環境で外界を感知する際，情報量のほとんどを占めるのは，視覚と聴覚だろう．海水中でも陸上と同様，視覚は重要である．さらに，すでに述べたように，深海の暗黒はグラデーションである．その環境の明度で，さまざまな戦略がとられる．

視覚を担うのは，受容器である眼である．比較的光量のある深海では，さまざまに適応した形が知られている．例えば，魚類や軟体動物の眼がその身体全体に占める割合を比較すれば，その割合の大きい種が知られている．さらに，魚類には，眼球を筒状に変形させた種が見つかっている．これは「**管状眼**」と呼ばれ，眼球全体は大きくせず，しかしその焦点距離を効率的に長くすることで光量の不足を補う効果があり，深海に特有の適応といえよう．

眼球の動きやこれを保護する機能をもつ，特異な形態の魚類が，2004年，その生態の一部を明らかにする見事な映像と共に発見された．デメギニス属のデメギニス（*Macropinna microstoma*）である．先述の管状眼をもつだけでなく，視野を確保するために管状眼を上方にも傾けることができる．これにより，上方からのわずかな太陽光を利用してできる影を利用し，エサを得ていると考えられている．また，この管状眼を保護すると思われる膜を顔全体にもち，透明な体液に満たされたドームを形成している．まさにヘリコプターのコックピットのような外見をもつ．現在では，クダクラゲなどが分泌する刺胞毒から眼球を保護しつつ，クダクラゲの得たエサを補食している可能性も指摘されている．

また，電磁波の中でも，遠赤外線に近い可視光を感知するよう進化した生物もいる．有名なのは，甲殻類のツノナシオハラエビ（*Rimicaris*）属である．

この生物では，眼は特殊に進化し，「背上眼」となり，これが熱水独特の弱い光をとらえていると考えられている．その生態は図13.2に示されている．写真上部の白い部分は，隙間なく熱水を浴びるオハラエビの群である．彼らは熱水の物質を利用して生きるので，この熱水を見分ける眼が重要なのである．

化学合成生物群集は，海底温泉（熱水噴出孔）から噴き出す熱水に含まれる硫化水素や，メタンを利用する微生物に栄養を依存している．オハラエビは共生している微生物の生育に必要な成分を含む熱水に，その特殊な眼で熱水環境を感知し，限りなく近づこうとする結果，まるで熱水に群がっているように見える

図13.2 インド洋水深2 450 mの海底で発見された，典型的な「化学合成生物群集」を含む深海の生態系（さとうたかこ：くじら号のちきゅう大ぼうけん〜深い海のいきものたち，Blue Earth BOOK, JAMSTEC（2008））

さらに視覚に頼るのを放棄する生物も知られている．眼の退化である．それら生物の多くは眼の痕跡が残るものの，視覚情報を得てはいない．光量の少ない環境で眼という器官を維持するのは，無駄なコストであり，退化へと「進化」したと考えられている．その代わりに発達するのは，触覚を担う触角などをはじめ，他の感覚器である．これら進化適応の詳細も，近い将来明らかとなっていくだろう．

13.2.3 「光合成」の恵みから遠ざかる深海

先述したとおり,太陽光が少ない深海環境では,植物による有機物生産は望めない。では光合成による生態系はまったくないのか,というとそんなことはなく,浅海と深海は切れ目なくつながっているため,浅海で生産された有機物は,沈降という形で深海に輸送されているのである。つまり,光合成の恵みは深海にも降り注ぐ,がその量は限られている。

有人潜水船での潜航で,最も印象的なのが「マリンスノーで満たされた深海空間」である。音もなく沈降する船内の窓から見える光景は,深度を増して暗くなると同時にドラマチックに変化する。発光するマリンスノーである[†]。

マリンスノーの正体は,生物の遺骸や排泄物が小さく分解され,ゆるくまとまったもので,その多くはプランクトンのような小さいサイズの生物の遺骸だ。これらは微生物にとっては格好のエサとなるので,好気的な環境の外側には,発光するものを含む多様な微生物が棲んでいる。マリンスノーは海洋表層の光合成生態系の恵みを深海に運ぶ手段の一つだ。しかし,海水中のマリンスノーはさまざまな生物に摂取されていき,深度が増すほど乏しくなることが知られている。つまり,深いほど,光合成の恵みより遠ざかるわけである。

そのような環境を,栄養の貧しい空間,すなわち「貧栄養」と定義している。有機物が少なければ,当然生きていける生物の数は減り,結果的に生物の密度はたいへん少なくなる。その極限的環境に適応するため,生物はさまざまな進化を遂げている。

まずわかりやすいのは,形態の変化だろう。深海魚のうちのいくつかは,身体の割合に対して大きい口や胃をもっている。エサに出会う確率が減る深海では,摂取できる機会を最大限生かすために,エサのサイズが少々大きくても食べてしまう,という戦略をとるものが生き延びるのである。

また,多くの生物は,省エネ戦略をとる。深海で観察される映像からは,

[†] 日本列島の東北沖にある「日本海溝」6 311 mへ潜航したときの筆者の体験である。海表面では,潜水船の窓からカイアシ類の動物プランクトンが目視できるほど,とても栄養豊かな海域である。深度200 mも潜航すれば,船外にははっきりと発光するマリンスノーが観察される。窓の外は,音のない光の饗宴となる。それは見事な景色である。

ゆったりした動きやほぼ静止した動きの魚類が多く観察される。まれに捕食者から逃れるときや、エサを摂取するときなど比較的素早い動きを見せる。必要なときだけエネルギーを使う戦略だ。一対で2本の胸ビレと1本の尾ビレで立つ三脚魚は、海流の動きをとらえ、流れてくるエサを待っていると考えられている。動かずしてエサを摂取する姿はまさに省エネそのものだろう[†]。

13.2.4 「貧栄養」を覆す共生という戦略

前述のように、マリンスノーの沈降などに有機物を頼る貧栄養環境を、**表13.2**では「深海平原域」と定義している。これが、深海環境のほとんどを占める。しかし、局所的な例外が知られている。これが表13.2にある熱水域や湧水域の環境である。前者は海底に熱水が湧き出している地帯を指し、海底プレートの生まれる海嶺や、海底の火山に多い。マグマで熱せられた海水が、低温の深海底に噴き出すと、溶け込んでいた成分を沈殿させ、ときに硫化物などが黒く析出し、**ブラックスモーカー**と呼ばれる。この熱水中には、水素や硫化水素といった還元物質が含まれている。また、後者の湧水域とは、海溝の沈み込み帯に見られる、逆断層に沿って海水が湧出する海域や、海底下からメタン

表13.2 特徴的な深海底の環境

	深海平原域	熱水域	湧水域
生物密度	低い	高い	中程度
主有機物源	生物遺骸（光合成生態系）	独立栄養細菌（化学合成生態系）	独立栄養細菌（化学合成生態系）
化学合成有機物の割合	少	多	多
化学合成源	嫌気状態の有機物	熱水中の成分（水素や硫化水素など）	湧水中の成分（メタンや硫化水素など）
生物の寿命	長い	短い	長い？

[†] 一度だけ潜水船から三脚魚と呼ばれる魚、オオイトヒキイワシと思われる魚の行動を観察したことがある。腹ビレと尾ビレの一部が長く延び、まるで足のように海底に静止している姿は、まさに魚が立っているという表現にふさわしい。しかし、接近する潜水船を捕食者と勘違いしたのか、突如素早い動きで遊泳し、視界より去っていった。

や硫化水素を含む海水が湧出するメタンシープなどを指す。この硫化水素などの還元的な化学物質をエネルギー源として，有機物を生産する機能をもつ微生物が知られている。これらを**独立栄養微生物**，または化学合成微生物などと呼ぶ。硫化水素のエネルギーは，植物における光エネルギーと同じ役割を果たす。これら微生物の多くは植物と同じ代謝経路をもち，二酸化炭素から有機物を生産することが知られている。そのような微生物（イオウ酸化細菌など）は，還元物質が豊富にある熱水域や湧水域の海底面，さらには生物の体表面に，肉眼で観察できるほど繁茂する。いわゆる**バクテリアマット**である。糸状に伸びる菌体同士が絡み，成長したものだ。これを摂取して成長する，深海特有の生物群も知られている。

さらに微生物を体内に「培養」し，栄養源としている深海に適応した生物群が知られている。この「培養」を**共生**と呼んでいる。**化学合成共生生物**である。体内で共生する例としては，環形動物のチューブワームや，軟体動物のシロウリガイ，シンカイヒバリガイ，そして前述の図14.2のオハラエビなどはその代表である。オハラエビが熱水に群がるのは，そのエラ器官にイオウ酸化細菌を共生させ，彼らの生産する有機物に依存して生きているからである。熱水中の硫化水素をエラ内の微生物に供給し，有機物を生産してもらっては自分が摂取する。この体内共生のシステムは，環境に効率よく適応した結果といえよう。その生物量の豊かさを「深海のオアシス」と表現することもある。深海にもまた，多様な環境があり，生物の適応戦略もさまざまなのである。

13.3 生物のタンパク質の進化を促す「高水圧」

この研究もまた，歴史的には微生物で先行した。深海から単離した好圧性微生物や，「モデル微生物」としての大腸菌などが対象生物である。これらの遺伝子発現の高水圧適応（Sato et al. 1995）や，細胞骨格タンパク質 FtsZ の重合（Sato et al. 2002）など，多数研究がなされてきた。詳細は他章に譲るが，ここでは主に高等生物の細胞骨格タンパク質に焦点を絞り記述する。

13.3 生物のタンパク質の進化を促す「高水圧」

　細胞レベルでの高圧応答研究を，微生物ではなく高等の多細胞生物で進めるには，まず生物の高圧飼育や生物細胞の高圧培養が必須である．近年開発された画期的な装置として，**図 13.3** の**ディープアクアリウム**がある．これは高等生物の高圧下での連続飼育を可能にしたものである．微生物の高圧培養は，比較的小さな容器で可能だが，魚類などの高等動物を低圧環境に順化させるには，大がかりな装置が必要となる．このディープアクアリウムの最良の使い方は，潜水船に乗せて魚類などの生物をポンプで内部に誘導してトラップし，現場圧力や温度を保持しながら回収する方法だ．しかし，次善の策としては，簡単なベイトトラップで採取した魚類などの生物を，なるべく迅速に船上設置したディープアクアリウムに入れ，再度加圧した後，徐々に減圧する方法だ．これで，多くの魚類は低温さえ保てば，比較的長期間，大気圧飼育できることが報告されている．

　この装置を利用し，高圧を保持しながら採取，飼育された魚類のヒレ組織よ

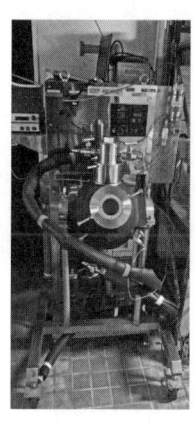

　　　　　（a）　　　　　　　　　　　　（b）

（a）このシステムにより，陸上で，深海生物の比較的長期の観察が可能となった．丸い穴のように見えるのが水槽の観察窓．（b）この写真は，深海で保圧サンプリングを行うため，この装置の加圧水槽部分のみを，白く見える潜水船のサンプルボックス内に装備したところ．水槽の窓は板で保護されている

図 13.3 多細胞海洋生物を圧力を保ったまま飼育できる装置「ディープアクアリウム」

り，培養細胞系が確立されるという画期的な研究が行われた．小山らは，深海性コンゴウアナゴの培養細胞を利用し，加圧，脱圧して前述の大腸菌と同様に圧力応答性を調べた．その結果もまた驚くべきものであった．

　高等動物の細胞の形を保つ役割をもつタンパク質は，アクチンやチューブリンであることがすでに知られている．これを，大腸菌のFtsZタンパク質のように蛍光染色し，観察実験を行った．深海から採取されたコンゴウアナゴの培養細胞と，浅海性のアナゴの培養細胞とで比較実験を行った結果，浅海性アナゴの細胞骨格タンパク質は圧力に弱いことがわかったが，深海性のアナゴ細胞でも，深度10 000 mに相当する圧力の1 000気圧（100 MPa）を超えると，チューブリンタンパクが重合してできた繊維やアクチンによる繊維も，圧力で壊れ始めることが証明された．**図13.4**の上の列はアクチン繊維を染めたも

Actin			
Tubulin			
Control	40 MPa	100 MPa	130 MPa

上と下は同じ細胞の写真で，2種類の蛍光色素で染めてある．それぞれ特定波長の光を当て，違うタンパク質の細胞内分布を観察することができる．上段はアクチンが赤に，下段はチューブリンが緑に観察され，右に向かって高圧になると変化が起きるのがわかる．アクチンもチューブリンも，**細胞骨格因子**と呼ばれ，個々のタンパクが数珠つなぎになり，紐のようになって細胞の構造を支えている．100 MPaのような高圧下では，深海に適応した魚でも，チューブリン繊維といくつかのアクチン繊維が圧力で壊れ始める．フィラメントと呼ばれる繊維は，モノマーと呼ばれる一つのタンパク質単体に戻っていく（脱重合する）結果と考えられている

図13.4　深海性コンゴウアナゴの培養細胞の圧力に対する応答を示した蛍光顕微鏡写真（Koyama 2007）[7]

の，下の列はチューブリン繊維である。また，最左段は大気圧下の状態，つぎの段は400気圧下の細胞である。細胞の内側をそれぞれの繊維が支えている。4000m深度でも，コンゴウアナゴは元気に泳げる。しかし，深度10000mに相当する1000気圧下，すなわち3段目から右は，繊維様の形態は少なくなり，最右段の1300気圧下では，まったく観察されない。大腸菌のFtsZタンパク質同様，あまりに高い圧力は細胞骨格タンパク質の働きを阻害する。微生物も高等生物も，直接の証明が得られた。

13.4 終わりに

　奇妙な形態がときに注目を浴びる深海生物だが，彼らが極限的な深海環境に適応している結果だと理解できる。この環境は，すでに述べた多様な要因により記述されるが，これはそれぞれが独立して影響しているものではない。相互に関連しながら生物の形質をつくり上げてきたのである。

　陸上と比較して，恒常的な深海環境は，時に進化に取り残された種を細々と生きながらえさせる。シーラカンスなど，生きた化石と呼ばれる生物は有名で，浅海に適応した種が滅んでしまった後も，深海では元の種が生息している。同様に，浅海では底生のタコも，深海では遊泳生物として知られ，頭部にヒレを有して遊泳する姿が観察されている。深海は巨大な冷蔵庫のように，生物種を保存している，と表現する科学者もいる。

　一方で，貧栄養の深海の生物の寿命のとり方は，陸上の栄養豊富な環境と比べると速度が遅いらしいことが，近年解明されつつある。表14.2の最下段を見てほしい。近年，まだ仮説の段階ながら，貧栄養であるほど，寿命を長らえる現象は，猿を対象とした研究でも示唆されている（R. J. Colman et al. 2009）。また，ストレスと寿命に関する議論も盛んで（G. Riddihough 2013），過酷と考えられてきた深海環境下にすでに適応している生物の，現場でのストレスを考える新たなターニングポイントの可能性もある。冷湧水帯の一つ，メキシコ湾のメタンシープに生息するハオリムシ（チューブワーム）は，その寿命が実に，500年から1000年と推定されたことがある。1000年前であれば，鎌倉時

代を知っているかもしれないのだ．また，浅海から深海まで生息する二枚貝の寿命を比較した研究もある（K. Turner et al. 1984）．生物密度の高い，有機物の豊かな熱水域の貝は，浅海の貝と同じく老化速度が速く，寿命は短い．しか

コラム

地殻内微生物とは

これまで地殻深くに生命は存在しないのではと漠然と考えられていたが，実際には想像を超える多くの微生物が生息しているようである．1998年に発表された米国の研究者らの試算によると，全地球の潜在微生物量の90％以上が陸域および海底下の地殻内に存在し，地殻内は地球最大の生物圏であるという[1]．ただし，この試算は，存在する炭素量から算出されたもので，地殻内で活動を止めたものや死につつある微生物も含まれており，すべてが活動的な生物圏であるとはいえないことがわかっている．

地下微生物研究の歴史をさかのぼると1920年代にアメリカの研究者が油田の深部より得られた地下水から分離した硫酸還元菌が報告されている[2]．しかし，この研究は当時の科学技術力を考えると，地表からの汚染という可能性も考えられることから地下環境にも微生物が生育している可能性が示唆されたものと位置づけられている．本格的研究がスタートしたのは1980年代後半からで培養に依存しない分子系統学的手法が適用されたことにより，膨大な空間的広がりを有する未知の地下微生物圏についての研究が行われている．

地殻内微生物研究領域研究は，高圧，高温，低水分，貧栄養，低酸素などの極限環境に生息する多重極限環境微生物（polyextremophiles）の分離が期待され，新たな遺伝子資源としても有用であると考えられている．

実際の地殻微生物の生息場所としては，ダイナミックな地球内部活動が見られ盛んに物質循環が起きている海洋プレートが生まれる中央海嶺や，プレートがマントルに沈み込むプレート境界域，火山活動を繰り返すホットスポット，さらには石油やメタンハイドレートなどが不均一に分布するような場所，海底の熱水噴出孔の下などが挙げられる．さらに詳しいことを知りたい読者は，高井による総説[3]を参照されたい．

引用・参考文献

1) W.B. Whitman et al,.：Proc. Natl. Acad. Sci. USA, **95**, pp.6578-6583（1998）
2) E. Bastin：Science, **63**, pp.21-24（1926）
3) 高井　研：蛋白質　核酸　酵素, **50**(13), pp.1649-1655（2005）

し，貧栄養な深海に生息する二枚貝は，100年に匹敵する寿命をもつ可能性があるという結果である．陸上の猿の老化研究と深海の生物寿命研究という，一見関連のない研究が関連を示し始めている．老化という，人間が歴史的に興味をもつテーマに，深海生物が関わってくる時代がやってきたようだ．

　また，新しい技術の導入による新種の深海生物発見の可能性についても触れてみたい．いままでうるさい推進器や，サーチライトをもつ潜水船で深海生物を観察していたが，深海に沈めた後，長時間可視光以外で観察するビデオを設置したら何が写るのだろう．世界最大の生物はシロナガスクジラとされているが，これを上回る生物が見出されるかもしれない．可視光や騒音から注意深く逃げる深海生物はまったく観察されていないからだ．深海は地球に残された最後のフロンティアだ，といわれる所以である．1977年に化学合成生態系が発見され，生物学の常識を揺るがした．このような発見が明日にも待ってるかもしれない．

　最後に，有人潜水船で潜航した筆者からのメッセージを送りたい．船という手段を使ってはいるが，潜った人間は，窓の外に深海環境そのものを体感する．これは，数時間とはいえ，人間を「深海生物」にする装置なのだ．この装置を開発し，そして長期間運営，支援してくれてきた関係者にも，研究者からの最大のエールを送りたい．

引用・参考文献

1) T. Sato et al.：Biotechnology, **3**, pp.89-92（1995）
2) T. Sato et al.：Progress in Biotechnology 19, In "Trends in High Pressure Bioscience and Biotechnology"（R. Hayashi ed.）, pp.233-238（2002）
3) S. Koyama：Cytotechnology, **55**(2-3), pp.125-133（2007）
4) R.J. Colman et al.：Science, **325**, pp.201-204（2009）
5) G. Riddihough：Curr. Biol., **23**, 10.1016（2013）
6) K. Turner et al.：Oceanus, **27**, pp.54-62（1984）
7) さとうたかこ：くじら号のちきゅう大ぼうけん〜深い海のいきものたち, Blue Earth BOOK, JAMSTEC（2008）

14 地球外生命

14.1 化学進化

　本章では，**宇宙生物学**（astrobiology）を取り上げ，生命の起源と地球外に生命が存在する可能性について述べる。地球外生命について論じる前に，まず，地球でどのようにして生命が誕生したかを考えてみる必要がある。いまから約46億年前，誕生当時の地球の表面は溶融したマグマオーシャンの状態であり，それが徐々に冷却するに従って，二酸化炭素と水蒸気を主成分とする大気が原始地球に出現した。この大気は，冷却に伴い雨として地表に降り注ぎ，約44～40億年前に原始地殻と原始海洋が形成された。

　生命が誕生する前に，生命に必要な有機物の合成が進行した。この過程を**化学進化**（chemical evolution）という。1924年，オパーリン（Oparin）は「生命の起源」という著書の中で，原始地球の環境での化学進化により生命が誕生した，という仮説を提唱した。11.2節で述べたとおり，原始地球での全放射能は非常に高く，原始大気では，太陽からの紫外線，陽子線や宇宙放射線などのエネルギーによって複雑な構造をもつ有機物が合成された。

　1953年，ミラー（Miller）は原始地球の大気環境を模擬したメタン・アンモニア・水素の混合ガスの放電実験によって，グリシン，アラニンなどのアミノ酸が生成することを証明した。しかし，上述のとおり現在では，原始地球の大気の主成分は二酸化炭素と水蒸気であることが明らかになり，窒素を含む有機物の原始地球での生成量が問題視されるようになった。

宇宙空間でも多くの有機物が合成されている。図 14.1 に示すオリオン座の馬頭星雲などの**暗黒分子雲**（dark molecular cloud）には，水，アンモニア，ホルムアルデヒド，メタノール，一酸化炭素，ギ酸，グリコールアルデヒドなどが存在することが，電波望遠鏡による観測で明らかになった。これらの原始的な有機物は，宇宙空間に存在する鉱物と氷からなる微粒子上で，宇宙放射線などのエネルギーによって反応することで形成したものと推定されている。

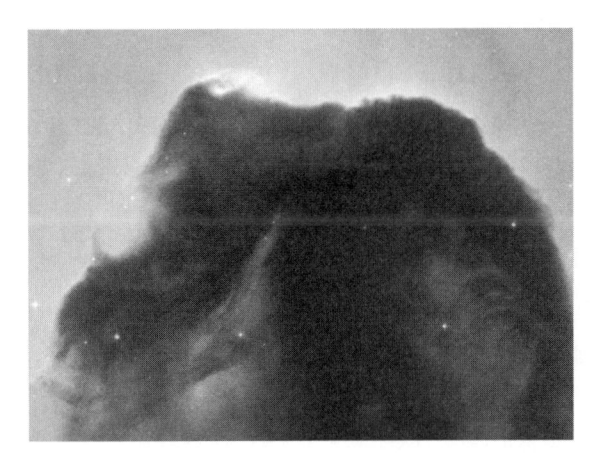

図 14.1 オリオン座の馬頭星雲

1969 年 9 月にオーストラリアのマーチソンに落下した炭素質コンドライト隕石からは，アミノ酸やアミノ酸前駆体，カルボン酸，脂肪族炭化水素，芳香族炭化水素，核酸塩基を含むさまざまな有機物が見つかっている。このような有機物は宇宙空間で合成された後，**宇宙塵**（cosmic dust）や隕石として地球に持ち込まれる。宇宙塵は，現在でも年間数万トン以上地球に降り注いでいると推定されている。

14.2 生命の起源

原始地球の海洋では，原始大気および宇宙空間由来の有機物が溶け込み，化学進化が進んだ。生命誕生の場所は，現在のところまだよくわかっていない

が，海底の**熱水噴出孔**（hydrothermal vent）や，それと環境が類似する深海熱水活動域が候補として有望視されている。その理由として，① 原始地球大気の成分や通常の海水とは異なり，海底からの熱水は，水素，硫化水素，アンモニアなどの還元的な分子や，鉄，マンガン，亜鉛，銅などの微量必須元素を高濃度に含んでいること，② 高温と急冷が循環するため，物質の合成に適していること，などが挙げられる。

何をもって**原始生命**（protobiont）と呼ぶかについてさまざまな意見があるが，簡単には，外界とは区別された囲いの中で代謝と自己複製を行うことができるもの，が原始生命といえる。1958年，クリック（Crick）が提唱した分子遺伝学の基本原理であるセントラルドグマ（central dogma）では，生物の遺伝情報がDNAからRNA，RNAからタンパク質に伝えられる。これを踏まえると，生命はDNA，RNA，タンパク質のうちのいずれかから始まったということになるが，1967年，ウーズ（Woese）は，生命がRNAから始まったと提唱し，これは後に**RNAワールド仮説**（RNA world hypothesis）と名づけられた。

RNAワールドの生物は，RNAからなるゲノムを複製したり切断したりする触媒活性をもっていた。その後，RNAがペプチド連結反応を触媒することで，複雑な触媒活性を担当するタンパク質を合成し，RNAよりも遺伝情報の保持に優れたDNAがRNAから合成されたと考えられている。1981年，チェック（Cech）らは，原生動物テトラヒメナから触媒活性をもつRNAを発見し，**リボザイム**（ribozyme）と命名した。RNAワールドの概念は，リボザイムの発見をきっかけとして，広く受け入れられるようになった。

生命誕生の場所は，海底の熱水噴出孔ではなく，陸上の温泉だったのかもしれない，という仮説も提唱されている。その理由として，① 細胞内のカリウムイオン濃度はナトリウムイオン濃度よりも高いが，これが海水のイオン成分組成とは相容れず，一方，陸上の温泉地帯の蒸気成分はこの条件に適合していること，② 陸上の温泉には，海水や海底熱水にはほとんど見られないリン酸塩が豊富にあり，核酸の成分となりうること，③ RNAの重合には乾燥と湿潤

の循環が効果的であり，陸上の温泉地帯であればこれが可能であること，などが挙げられる。

生命の初期進化のシナリオを図14.2に示した。原始地球環境における化学進化の後に，生命の起源があり，そこからRNAワールド生物が現れた。生命誕生の場所は1種類の特定環境だけではなかった可能性もある。その後，DNAゲノムを遺伝情報物質としてもつ生物が現れたが，それらのうち，絶滅せずに生き残ったものが，現在の全生物の共通祖先であると考えられる。この全生物の共通祖先は，**コモノート**（commonote），あるいは **LUCA**（last universal common ancestor）などと呼ばれている。コモノートは，現存する微生物が共通にもつ基本的な生命システムを，進化の過程ですでに確立していたということになる。

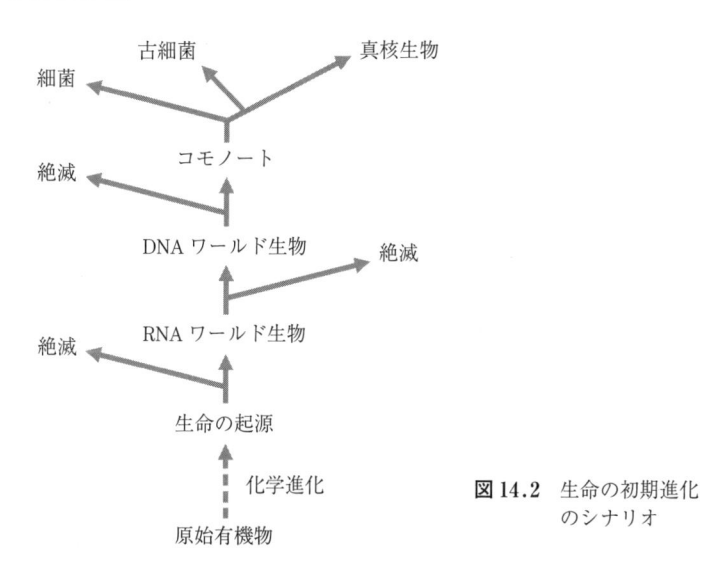

図14.2 生命の初期進化のシナリオ

進化系統樹の根元付近に位置する現存微生物には好熱菌が多いという事実から，コモノートは好熱菌であったのではないかと考える研究者は多い。しかし，コモノートの生育温度については，現存微生物の核酸分子組成やDNA複製に必要な酵素の進化過程についての考察などから，中温菌と考えるのが適当であるという意見もある。

14.3　生命起源の痕跡

　地球最古の生命の痕跡(こんせき)は，グリーンランドの約38億年前の地層から発見された炭素微粒子である。この炭素微粒子の炭素13の存在率が，同時期の原始地球全体の炭素13の天然存在率よりも少なく，これは生物が炭素固定をした証拠と考えられている。このように，細胞の形を残してはいないが，化学的な方法で判別できる化石を**化学化石**（chemical fossil）という。生物の進化初期の分岐年代の推定から，古細菌と真核生物が分岐したのがいまから約24億年前，古細菌と細菌が分岐したのが約38億年前と推定されている。すなわち，コモノートは38億年以前に存在していたことになる。

　地球最古の細胞化石は，オーストラリアの約35億年前の地層から発見された。この細胞化石は，当初，形態の類似性からシアノバクテリアと考えられているが，この化石が発見された場所が地層形成当時，熱水噴出孔がある海底であったことから，光合成をするシアノバクテリアではなく，化学合成細菌あるいはメタン生成菌という説もある。オーストラリアの同地域の約27億年前の地層には，独特なドーム状構造をもつ石灰岩堆積物**ストロマトライト**（stromatolite）があり，シアノバクテリアが形成した石塊と考えられている。

14.4　火星での生命探査

　地球上での生命誕生の過程を踏まえると，宇宙空間からの有機物が集まり，化学進化が進み，熱水活動があれば，地球以外の天体でも生命が誕生する可能性があると考えてもよい。**火星**（Mars）は，太陽系惑星の中で最も地球環境に近い。火星の極地には氷床があり，また，太陽系最大の火山であるオリンポス山をはじめとして，いくつもの火山がある。火星では過去に熱水活動があったのではないかと考えられる。

　火星には，生命探査を目的とした探査機がいくつも送り込まれている。これ

までに行われた代表的な火星探査を**表 14.1**に示す．1976 年，アメリカの探査機バイキング 1 号および 2 号が，火星に着陸し，表土試料を採取し，有機物を検出する実験や，生物の代謝活性を検出する実験など，いくつかの実験をその場で行った．しかしながら，いずれの実験でも，有機物や生命の痕跡を検出できなかった．一方で，火星周回機が撮影した地形の写真から，大洪水や流水の痕跡を示す地形が確認され，過去の火星表面に大量の水が存在した証拠とされた．

表 14.1 これまでに行われた代表的な火星探査

探査機	打上げ年	備考
マリナー 4 号	1964	初めての火星近接撮影
バイキング 1 号，2 号	1975	初めて火星軟着陸
マーズ・グローバル・サーベーヤー	1996	周回軌道上での詳細な火星観測
マーズ・パスファインダー	1996	着陸探査車ソジャーナ
マーズ・エクスプロレーション・ローバー	2003	着陸探査車オポチュニティ，スピリット
フェニックス	2007	火星の極冠付近に軟着陸
マーズ・サイエンス・ラボラトリー	2011	着陸探査車キュリオシティ

1984 年，南極のアランヒルズで採集された隕石 ALH84001 中の気体組成は，バイキング探査での火星大気の組成と一致した特徴をもち，この隕石が火星から飛来したものであると考えられていた．1996 年，**NASA**（National Aeronautics and Space Administration，**米国航空宇宙局**）は，ALH84001 の中に，有機物の一種である多環芳香族炭化水素類の存在を示すとともに，微生物の構造に似た微化石を発見したと発表し，これが地球外生命の証拠であるかどうかについて，大論争になった．

同年探査機マーズ・グローバル・サーベーヤーとマーズ・パスファインダーが打ち上げられ，前者は 1999 年 3 月から本格的な火星表面の観測を開始し，これによって詳細な火星地形図が作成された．後者は 1997 年バイキング 1 号，2 号以来 21 年ぶりに火星への軟着陸に成功し，着陸探査車ソジャーナは，設計寿命期間の約 12 倍もの間火星からのデータを送り続けた．ソジャーナに搭載された α プロトン X 線分光計での岩石の化学組成の解析から，さまざまなタ

14. 地球外生命

イプの岩石があることが確認され，過去の火星では洪水があった証拠とされた。

2003年に始まったマーズ・エクスプロレーション・ローバー計画では，オポチュニティ，スピリットと名づけられた2台の着陸探査車が，火星表面の地質構造や岩石の化学組成を解析した。オポチュニティの解析から，大量の水が長期間存在した証拠が多数発見され，オポチュニティが着陸した場所には，海または湖のような環境があったと考えられた。スピリットの解析からは，大量の水が長期間存在した証拠が見出されなかったが，岩石内の結晶に，水が介在してできたと考えられるタイプのものが見出された。

2007年，探査機フェニックスが打ち上げられ，約10箇月後に火星の極冠付近に軟着陸した。表土の下に水が氷った層が確認され，過去の火星表面に大量の水が存在したことが確実となった。フェニックスは有機物の検出も試みたが，有機物の存在は確認されなかった。代わりに，火星の土壌の中から過塩素酸塩が検出され，過塩素酸塩が有機物の検出を邪魔している可能性が浮上した。

マーズ・サイエンス・ラボラトリー計画では，2011年に探査機が打ち上げられ，253日後に火星のゲール・クレーターに軟着陸した。**探査車キュリオシティ**（Curiosity rover, 図 14.3）は，サンプル分析装置 SAM（sample analysis

図 14.3 火星探査車キュリオシティ

at Mars）を搭載し，有機物や生命に関する痕跡がないかどうかを調査している。また，キュリオシティは，高エネルギー粒子測定装置 RAD（radiation assessment detector）を搭載しており，環境放射線の線量を測定している。この装置は火星に向かう間も作動しており，キュリオシティが1日平均 1.84 mSv，253 日の飛行中で 466 mSv の宇宙放射線を浴びていたことが判明している。

14.5　ハビタブルゾーン以外での生命探査

　生命が生存するためには，液体の水が存在する環境が必要である。惑星表面で液体の水が存在しうる領域は，恒星からの距離に依存した限られた範囲内にあると考えられ，**ハビタブルゾーン**（habitable zone）と呼ばれている。われわれの太陽系では，地球の公転軌道付近の狭い範囲（0.97〜1.39 天文単位，1天文単位は太陽と地球の平均距離）がハビタブルゾーンとされている。

　1977 年に打ち上げられた探査機ボイジャー 2 号は，1979 年に木星衛星の**エウロパ**（Europa）に接近し，水の氷に覆われた表面の画像を撮影した。また，1996 年から 1997 年にかけてエウロパに接近した探査機ガリレオが撮影した画像（**図 14.4**）と物理探査（重力場測定と磁場測定）によって，エウロパの氷

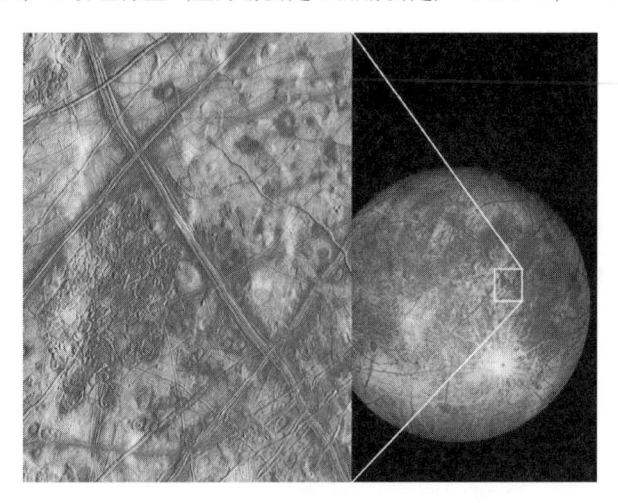

図 14.4　木星の衛星エウロパ

の下に大量の液体の水が存在していることが強く示唆された。表面の氷から内部の海までの厚さは，およそ 100 km あると推定されている。ハビタブルゾーンの外側にある天体内部での大量の水の存在は，氷を融解し，その状態を長期間維持できるような熱エネルギーがエウロパ内部で発生していることを意味している。その熱源としては，木星との重力相互作用による潮汐エネルギーが最も有力な候補とされている。エウロパでは水の存在が確実視される一方で，有機物の存在についての証拠はまだない。

探査機ボイジャー 2 号の姉妹機であるボイジャー 1 号は，1981 年に土星衛星の**タイタン**（Titan）に接近し，タイタン大気の主成分が窒素であること，表面気圧が 1.5 気圧と地球よりも高いことを明らかにした。1995 年 NASA と **ESA**（European Space Agency，**欧州宇宙機構**）が打ち上げた探査機カッシーニは，2004 年に着陸機ホイヘンスを本体から切り離してタイタンに送り込んだ。カッシーニとホイヘンスの観測によって，タイタンの大気は，窒素の他に，メタン，エタンなどの有機物を含むこと，表面には液体の水は存在しないが，内部には 10％程度のアンモニアを含む液体の水が存在することが示唆された。

2005 年探査機カッシーニは土星の別の衛星**エンケラドゥス**（Enceladus）に接近し，エンケラドゥスの南極領域におけるプルーム（水の噴出し）を撮影した。2008 年にはエンケラドゥスのプルームに接近して噴出物を分析し，水，一酸化炭素，二酸化炭素，メタン，エチレン，エタンなどを検出した。プルーム活動は，土星との重力相互作用による潮汐エネルギーによるものと考えられている。有機物，水，そして熱エネルギーの存在は，エンケラドゥスにおける生命存在の可能性を強く示唆している。

14.6　微生物の宇宙曝露実験

1908 年，アレニウス（Arrhenius）は，著書「宇宙の始まり」において，「宇宙空間には生命の種子が散在しており，惑星間を移動する」という生命の

地球外起源説を提唱し，これを**パンスペルミア**（Panspermia，**胚種広布**）説と名づけた。しかし，パンスペルミア説は一般的に高い評価を得られておらず，生命の起源を十分に説明していないことや，生命が宇宙空間で長期間生き続けることは難しいといった批判が繰り返されてきた。

　2002年，カーシュビンク（Kirschvink）は，火星由来の隕石ALH84001が火星から地球まで移動した間に内部温度が40℃よりも高い温度にならなかったこと，火星から地球への岩石移動がまれではあるが短期間で完了する場合があること，原始火星が原始地球よりも生命が誕生するのに適した環境にあったことなどから，「われわれ人類は火星から宇宙旅行してきた微生物の子孫である」という，生命の火星起源仮説を発表した。

　宇宙環境の特徴としては，高真空，高乾燥，高紫外線，高放射線，低温などがあり，いずれも地球生命の生存には不適切な環境条件であると考えられてきた。しかし，さまざまな極限環境微生物の発見により，宇宙環境条件に対する微生物の耐性について実験的に検証しようという気運が高まっている。

　微生物の惑星間移動の可能性で最も有望視されているのは，乾燥，紫外線および放射線耐性をもつ枯草菌の芽胞と，放射線抵抗性細菌である。しかし，これらの微生物でも，高強度の太陽紫外線は宇宙空間での生存にとって厳しすぎる。もし，隕石の中に微生物が潜り込んでいれば，紫外線が遮られて，宇宙でも長期間生存可能であるとする意見があり，これは**岩石パンスペルミア**（litho-panspermia）と呼ばれている。

　実際に，これらの微生物の宇宙環境での生存可能性を調査する宇宙曝露実験（space exposure experiment）が，スペースシャトル，人工衛星，**ISS**（International Space Station，**国際宇宙ステーション**）などを用いて行われてきた。ISSの実験棟をプラットホームとする宇宙曝露実験として，欧州ではEXPOSE-E，EXPOSE-Rと呼ばれるプロジェクトがあり，ロシアではBioriskと呼ばれるプロジェクトがある。2012年EXPOSE-Eでの1年半の曝露実験の成果が発表され，地衣類が高い宇宙環境耐性を示すことが明らかになった。

　日本では，**JAXA**（Japan Aerospace Exploration Agency，**宇宙航空研究開発**

機構）宇宙環境利用センターのプロジェクトとして，ISS の日本実験棟きぼうの曝露部を用いる計画（プロジェクト名：たんぽぽ）が進行している．たんぽぽプロジェクトでは，微生物の宇宙曝露実験に加えて，超低密度のシリカゲル（エアロゲル）を用いて，宇宙空間での微生物，宇宙塵，有機化合物の捕集も並行して行う予定である．

地球と火星の惑星間での微生物移動の可能性が高まった場合は，地球の衛星である月も，生命探査の調査対象として改めて検討する必要がある．この場合，紫外線および放射線からの遮へい，温度変化が小さいことなどの条件を満たす環境が，惑星間移動の生命の痕跡を残す可能性がある場所として考えられ，極地方のクレーター内側に見出された永久陰や，月表面に見出された縦穴構造が有力な調査対象として挙げられる．地球・月と生命探査対象の太陽系天体を**表 14.2** に示した．大胆な発想と緻密な計画の積み重ねによって発展してきた宇宙生物学は，科学者の直観力が大いに試される分野である．

表 14.2 地球・月と生命探査対象の太陽系天体

天体	半径 [km]	備考
地球	6 378.1	氷と海の厚さ：4 km，大気圧：1 気圧
月	1 737.9	永久陰，縦穴構造が生命探査の有力な調査対象
火星	3 396.2	大気圧：0.007 5 気圧（二酸化炭素 95.32％）
エウロパ	1 565	氷と海の厚さ：100 km
タイタン	2 575.5	大気圧：1.5 気圧（窒素 98.4％）
エンケラドゥス	252.1	水，有機物，熱エネルギーの存在

引用・参考文献

1) 山岸明彦 編：アストロバイオロジー 宇宙に生命の起源を求めて，化学同人 (2013)
2) 小林憲正：生命の起源 宇宙・地球における化学進化，講談社 (2013)
3) 佐藤勝彦 監修：大宇宙・七つの不思議 宇宙誕生の謎から地球外生命体の発見まで，PHP 文庫 (2005)

索　引

【あ】

アーキア　　　　　　　　　7, 31
アーキオール　　　　　　　121
アクウィフェクス門　　　　69
アクチノバクテリア門　　　69
アクチベーター　　　　　　138
アダプタータンパク質　　　138
圧力応答プロモーター　　　112
アデニン　　　　　　　　　17
アデノシン三リン酸　　　　16
アデノシン二リン酸　　　　17
アニオンポンプ　　　　　　91
アポトーシス　　　　　　　186
アルカリ湖　　　　　　　　49
アルカリ浸出　　　　　　　52
アルテミア　　　　　　　　178
暗黒分子雲　　　　　　　　207
アンチポーター　　　　　　90
アンヒドロビオシス　　　　174

【い】

硫黄酸化物　　　　　　　　146
イオンスカベンジャー　　　185
イオンポンプ　　　　　　　91
一価不飽和脂肪酸　　　　　38
一酸素添加酵素　　　　　　153
遺伝子工学用試薬　　　　　169

【う】

宇宙航空研究開発機構　　　215
宇宙塵　　　　　　　　　　207
宇宙生物学　　　　　　　　206
宇宙放射線　　　　　　　　158

【え】

エイコサペンタエン酸　　　38
栄養共生　　　　　　　　　125

エウロパ　　　　　　　　　213
液体状の水　　　　　　　　33
エステル型脂質　　　　　　85
エーテル型脂質　　　　　　86
エンケラドゥス　　　　　　214

【お】

オイルフライ　　　　　　　132
欧州宇宙機構　　　　　　　214
オキシゲナーゼ　　　　　　153
オスモライト　　　　　　　106
オルト開裂　　　　　　　　153
オルト開裂経路　　　　　　153

【か】

化学化石　　　　　　　　　210
化学合成共生生物　　　　　200
化学合成従属栄養　　　　　5
化学合成生物　　　　　　　4
化学合成独立栄養　　　　　5
化学合成微生物　　　　　　200
化学進化　　　　　　　3, 206
各種極限環境微生物　　　　204
過酸化脂質　　　　　　　　160
火星　　　　　　　　　　　210
活性汚泥法　　　　　　　　129
活性化体積　　　　　　　　105
活性酸素種　　　　　　　　159
活性酸素種　　　　　　　　188
芽胞　　　　　　　　　　　162
ガラス化モデル　　　　　　179
顆粒状凝集体　　　　　　　130
カルジオリピン　　　　　　57
カルドアーキオール　　　　121
カルボニル化タンパク質
　　　　　　　　　　　　　160
カロテノイド　　　　　　　94
管状眼　　　　　　　　　　196

岩石パンスペルミア　　　　215
乾燥適応仮説　　　　　　　171
緩歩動物　　　　　　　165, 177
乾　眠　　　　　　　　　　174

【き】

キシラナーゼ　　　　　　　64
機能未知遺伝子　　　　　　167
求エルゴン反応　　　　　　125
吸収線量　　　　　　　　　157
休眠シスト　　　　　　　　178
共　生　　　　　　　　　　200
共生者　　　　　　　　　　5
共輸送系　　　　　　　　　90
極限環境微生物　　　　　　8

【く】

グアニン　　　　　　　　　17
クマムシ　　　　　　165, 174, 177
グラニュール　　　　　　　130
グラム陰性　　　　　　　　49
グラム染色　　　　　　　　49
グラム陽性　　　　　　　　49
クリプトビオシス　　　10, 174
グリーンフィールド　　　　149
クレンアーキオータ門　　　69

【け】

形質転換　　　　　　　　　98
形質転換体　　　　　　　　99
ゲノム解析　　　　　　　　109
原核生物　　　　　　　　　6
原始スープ　　　　　　　　4
原始生命　　　　　　　　　208

【こ】

好圧性微生物　　　　　　　101
好アルカリ性細菌　　　　　46

好アルカリ性微生物	11			センサー	109	
好塩性古細菌	164	【し】		潜在生命	174	
好塩性タンパク質	96	シアニディオシゾン	76	センサリーロドプシン	91	
好塩性微生物	78	シアノバクテリア	3	染色体	98	
光合成従属栄養	5	嗜塩性	79	選択マーカー	98	
光合成独立栄養	4	ジオキシゲナーゼ	153	線虫	178	
光合成生物	4	弛緩型	19			
高静圧	101	脂質二重膜	35	【そ】		
高度好アルカリ性細菌	48	自然放射線	159	双翅目昆虫	166	
高度好塩性微生物	80	シゾン	76	増殖至適食塩濃度	79	
高度好酸性微生物	66	シトシン	17	相同遺伝子	167	
高度好熱菌	13	脂肪酸結合タンパク質	187	ソーダ湖	49	
好熱菌	13	脂肪体	181	ソックス	147	
好熱性微生物	13	紫膜	92			
好冷性生物	31	シャトルベクター	98	【た】		
5界分類法	6	遮蔽効果	23	耐圧性	105	
呼吸系	113	シャペロン	39, 187	耐圧性微生物	102	
国際宇宙ステーション	215	集積培養法	149	耐アルカリ性細菌	48	
古細菌	7, 31	柔軟性	39	耐アルカリ性微生物	11	
誤対合	160	種間水素転移	125	耐塩性タンパク質	96	
コモノート	209	宿主	5, 99	耐塩性微生物	79	
コールドショックタンパク質	43	シュードムレイン	121	対向輸送系	90	
		上向流嫌気性汚泥床法	130	代謝反応	34	
コンフォメーション	39, 104	真核生物	6, 31	耐性幼虫	179	
		真正細菌	7	タイタン	214	
【さ】		浸透圧ストレス	179	多価不飽和脂肪酸	37	
		浸透圧調節	82	多倍体	162	
細菌	7, 31	シンビオント	5	単位膜説	5	
細菌採鉱法	151	シンポーター	90	探査車キュリオシティ	212	
サイクロデキストリン	62			担子菌類酵母	165	
サイクロマルトデキストリン・グルカノトランスフェラーゼ	63	【す】				
		水素資化性メタン菌	118	【ち】		
最小生育阻止濃度	133	ステロール	37	地殻	2	
細胞骨格因子	202	ストロマトライト	210	地殻内微生物	204	
細胞自死	186	スノーボールアース仮説	3	窒素酸化物	146	
細胞内共生	5	スピルリナ	51	チミン	17	
細胞表層	85	スフェロプラスト	98	チャネル	138	
サブユニット	104	スペルミジン	22	中温菌	162	
サーモプラズマ属古細菌	70	スペルミン	22	中温性微生物	32	
酸化還元電位	118			中等度好熱菌	13	
酸化損傷	160	【せ】		中度好アルカリ性細菌	48	
酸化的リン酸化	113	正の超らせん	19	中度好塩性微生物	79	
酸性岩石廃水	75	生物冶金	74	中度好酸性微生物	66	
酸性鉱山廃水	68, 75	生命の起源と進化	103	超好熱菌	13	
酸素添加酵素	153	絶対好圧性微生物	102	超好熱性古細菌	164	
		線形動物	178	長鎖ポリアミン	22	

索　引

超新星爆発	2	

【つ】

通性好圧性微生物	102
通性好アルカリ性細菌	48

【て】

低度好塩性微生物	79
ディープアクアリウム	201
適合溶質	24, 83, 179
テトラエーテル脂質	73
電子伝達	113
転写制御因子	138
天然原子炉説	171
電離放射線	156

【と】

等価線量	157
凍結保護材	33
独立栄養微生物	200
ドコサヘキサエン酸	38
突然変異	160
ドナン効果	56
ドメイン	31
トランスポーター	138
トレーサー	35
トレハロース	179

【な行】

ナトリウム駆動力	58, 90
ナトリウムポンプ	90
二酸素添加酵素	153
二相反応系	140
ニトロスピラ門	69
二本鎖切断	160
熱ショックタンパク質	187
熱水噴出孔	208
熱変性	27
ネムリユスリカ	177
ノックス	147

【は】

バイオアキュミュレーション	150
バイオオーギュメンテーション	149
バイオスティミュレーション	149
バイオ脱硫	154
バイオプレシピテーション	150
バイオリアクター	52
バイオリーチング	74
バイオレメディエーション	52, 149
胚種広布説	215
バクテリアマット	200
バクテリアリーチング	151
バクテリオルベリン	95
バクテリオロドプシン	91
発エルゴン反応	125
ハビタブルゾーン	213
ハロロドプシン	91
半減期	157
パンスペルミア説	215

【ひ】

ピエゾライト	106
光化学オキシダント	146
光サイクル	93
ピクロフィラス属古細菌	70
非好塩性微生物	78
ヒストン	18
ヒストン様タンパク質	18
微生物タンパク質	131
ビッグバン	2, 158

【ふ】

ファミリー	137
ファーミキューテス門	69
フェレドキシン	96
フェロプラズマ属古細菌	70
フォボロドプシン	91
フォールディング	39
複製開始点	98
不凍タンパク質	33
プトレシン	22
負の超らせん	19
浮遊粒子状物質	146
ブラウンフィールド	149
プラスミド	98
ブラックスモーカー	199
プロテオバクテリア門	69
プロトン駆動力	58, 71, 89
プロトンポンプ	91
分岐型ポリアミン	22
分子シールドモデル	185
分子振動	102

【へ】

米国航空宇宙局	211
ベクター	98
偏性（絶対）好アルカリ性細菌	48

【ほ】

放射性物質	156
放射線	156
放射線加重係数	157
放射線感受性変異株	167
放射線抵抗性細菌	160
放射線誘導性タンパク質	168
放射能	156
ホスト	5
ポリアミン	22

【ま行】

膜脂質	24
マグマオーシャン	2
水代替モデル	179
ムレイン	86, 121
メタ開裂	153
メタ開裂経路	153
メタロチオネイン	151
メタン菌	117
メタン生成古細菌	7, 117
メタン発酵法	129
モノオキシゲナーゼ	153

【や行】

薬剤排出ポンプ	138
有機溶媒耐性	136
有機溶媒耐性微生物	132
ユーリアーキオータ門	69

【ら行】

らん藻	3

索引

リバースジャイレース	18	輪形動物ヒルガタワムシ類		ルシフェリン-ルシフェラーゼ発光現象	
リボザイム	208		165		194
リボ多糖	139	リン脂質	139	レチナール	91
流動性	35				

【A～C】

A	17
ABC 型	137
ADP	17
AMD	75
ARD	75
ATP	16
bR	91
C	17
CAHS タンパク質	186
CGTase	63

【D】

DHA	38
DNA 修復	166
DNA 防御	166
DNA ポリメラーゼ	27
DSB	160

【E】

EPA	38
ESA	214
Euryarchaeota 門	122

【F～H】

FABP	187
Fd	96
G	17
GC 含量	42
H^+ 駆動力	58, 71, 89
hR	91
HSP	187

【I, J】

in vitro	19
in vivo	19
ISS	215

JAXA	215

【L】

LEA タンパク質	182
$\log P_{ow}$ 値	133
LPS	139
LUCA	209

【M】

mar-sox レギュロン	138
MATE 型	137
Methanobacteriales 目	122
Methanocellales 目	123
Methanococcales 目	122
Methanomassiliicoccales 目	124
Methanomicrobiales 目	122
Methanopyrales 目	124
Methanosarcinales 目	123
MF 型	137
MIC	133

【N】

Na^+ 駆動力	58, 90
Na^+/H^+ アンチポーター	59
NASA	211
NOx	147
NtrB	112
NtrBC	112
NtrC	112

【O】

ori	98

【P】

PCR	27
Pfam	183
Photobacterium profundum SS9	109
Picrophilus oshimae	70
poly-extremophiles	46

【R】

RecD	110
RNA シャペロン	43
RNA ワールド仮説	208
RND 型	137
ROS	160

【S】

SAHS タンパク質	186
SCP	131
Shewanella violacea DSS12	111
SMR 型	137
SOS 応答	168
SOx	147
S 層	87, 121

【T】

T	17
Taq ポリメラーゼ	28
TCA 回路中間体	153
ToxR	110

【U, X】

UASB 法	130
xylanase	64

【ギリシャ文字】

α-サイクロデキストリン	63
β-サイクロデキストリン	63
β 酸化	152
γ-サイクロデキストリン	63

―― 著者略歴 ――

伊藤　政博（いとう　まさひろ）
1989 年　立教大学理学部化学科卒業
1994 年　東京工業大学大学院博士課程修了
　　　　（化学工学専攻）
　　　　博士（工学）
1994 年　米国マウントサイナイ医科大学博士研究員
1997 年　東洋大学講師
2001 年　東洋大学助教授
2007 年　東洋大学准教授
2009 年　東洋大学教授
　　　　現在に至る

鳴海　一成（なるみ　いっせい）
1988 年　東京理科大学理学部化学科卒業
1993 年　東京農工大学大学院博士課程修了
　　　　（生物工学専攻）
　　　　博士（農学）
1994 年　日本原子力研究所専門研究員
1996 年　日本原子力研究所研究員
1998 年　米国マサチューセッツ工科大学客員
　　　　研究員
2000 年　日本原子力研究所副主任研究員
2005 年　日本原子力研究開発機構研究主幹
2013 年　東洋大学教授
　　　　現在に至る

為我井　秀行（ためがい　ひでゆき）
1989 年　東京工業大学理学部化学科卒業
1994 年　東京工業大学大学院博士後期課程修了
　　　　（化学専攻）
　　　　博士（理学）
1995 年　海洋科学技術センター研究員補
1997 年　東京工業大学助手
2003 年　日本大学専任講師
2006 年　日本大学助教授
2007 年　日本大学准教授
2014 年　日本大学教授
2015 年　日本大学退職

佐藤　孝子（さとう　たかこ）
1985 年　立教大学理学部化学科卒業
1987 年　立教大学大学院修士課程修了（化学専攻）
1987 年　学習研究社植物工学研究所研究員
1992 年　海洋科学技術センター（現 海洋研究開発
　　　　機構）研究員
　　　　現在に至る
1994 年　博士（理学）（立教大学）

道久　則之（どうきゅう　のりゆき）
1993 年　東京工業大学工学部生物工学科卒業
1998 年　東京工業大学大学院博士課程修了
　　　　（バイオテクノロジー専攻）
　　　　博士（工学）
1998 年　東京工業大学助手
2003 年　東洋大学助教授
2007 年　東洋大学准教授
2011 年　東洋大学教授
　　　　現在に至る

東端　啓貴（ひがしばた　ひろき）
1995 年　大阪大学工学部応用生物工学科卒業
2000 年　大阪大学大学院博士課程修了
　　　　（応用生物工学専攻）
　　　　博士（工学）
2000 年　通商産業省工業技術院生命工学工業
　　　　技術研究所特別技術補助職員
2001 年　産業技術総合研究所第二号非常勤職員
2002 年　筑波大学助手
2005 年　関西学院大学博士研究員
2006 年　東洋大学講師
2007 年　東洋大学准教授
　　　　現在に至る

國枝　武和（くにえだ　たけかず）
1993 年　東京大学薬学部薬学科卒業
1998 年　東京大学大学院博士課程終了
　　　　（薬学専攻）
　　　　博士（薬学）
1998 年　スイス・バーゼル大学博士研究員
2001 年　東京大学博士研究員
2007 年　東京大学助教
2018 年　東京大学准教授
　　　　現在に至る

伊藤　隆（いとう　たかし）
1983 年　東京農工大学農学部環境保護学科卒業
1985 年　東京農工大学大学院修士課程修了
　　　　（環境保護学専攻）
1985 年　科研製薬株式会社研究員
1992 年　理化学研究所研究員補
1999 年　博士（農学）（東京大学）
1999 年　理化学研究所研究員
2000 年　理化学研究所先任研究員
2007 年　理化学研究所専任研究員
2020 年　理化学研究所特別嘱託研究員
　　　　現在に至る

―― 著者略歴（つづき）――

中村　聡（なかむら　さとし）
1978 年　東京工業大学工学部化学工学科卒業
1980 年　東京工業大学大学院修士課程修了（化学工学専攻）
1980 年　帝人株式会社研究員
1989 年　工学博士（東京工業大学）
1990 年　東京工業大学助手
1993 年　東京工業大学助教授
2002 年　東京工業大学教授
2018 年　東京工業大学副学長
2020 年　東京工業大学名誉教授
2020 年　沼津工業高等専門学校長
　　　　現在に至る

極限環境生命 ―生命の起源を考え，その多様性に学ぶ―
Extremophiles ―Think about the Origin of the Life and Learn from the Diversity―
Ⓒ Ito, Doukyu, Narumi, Higashibata, Tamegai, Kunieda, Itoh, Sato, Nakamura　2014

2014 年 11 月 12 日　初版第 1 刷発行　　　　　　　　　　　　　　　　　★
2021 年 6 月 15 日　初版第 2 刷発行

検印省略	著　者	伊　藤　政　博
		道　久　則　之
		鳴　海　一　成
		東　端　啓　貴
		為　我　井　秀　行
		國　枝　武　和
		伊　藤　　　隆
		佐　藤　孝　子
		中　村　　　聡
	発 行 者	株式会社　コ ロ ナ 社
	代 表 者	牛来真也
	印 刷 所	萩原印刷株式会社
	製 本 所	有限会社　愛千製本所

112-0011　東京都文京区千石 4-46-10
発 行 所　株式会社　コ ロ ナ 社
CORONA PUBLISHING CO., LTD.
Tokyo Japan
振替 00140-8-14844・電話 (03)3941-3131(代)
ホームページ　https://www.coronasha.co.jp

ISBN 978-4-339-06747-7　　C3045　　Printed in Japan　　　　　　　　　（金）

〈出版者著作権管理機構　委託出版物〉
本書の無断複製は著作権法上での例外を除き禁じられています。複製される場合は，そのつど事前に，出版者著作権管理機構（電話 03-5244-5088，FAX 03-5244-5089，e-mail: info@jcopy.or.jp）の許諾を得てください。

本書のコピー，スキャン，デジタル化等の無断複製・転載は著作権法上での例外を除き禁じられています。購入者以外の第三者による本書の電子データ化および電子書籍化は，いかなる場合も認めていません。
落丁・乱丁はお取替えいたします。